滄海美術／藝術論叢 4

羅青 主編

東大圖書公司

藝術與拍賣

◎施叔青 著

國立中央圖書館出版品預行編目資料

藝術與拍賣／施叔青著. --初版. --臺
北市:東大發行;三民總經銷,民83
　　面;　　　　公分. --(滄海美術/
　　藝術論叢)
ISBN 957-19-1682-X (精裝)
ISBN 957-19-1683-8 (平裝)

1.藝術-收藏品-營業　　2.拍賣

489.7　　　　　　　　　　　83007707

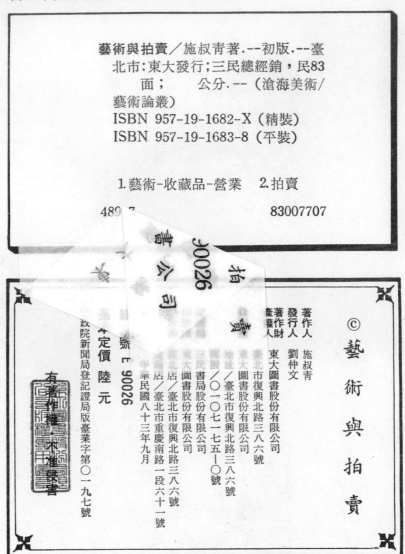

ⓒ 藝術與拍賣

著作人　施叔青
發行人　劉仲文
著作財產權人　東大圖書股份有限公司
　　　　　東大圖書股份有限公司
地址／臺北市復興北路三八六號
郵撥／〇一〇七一七五──〇號
印刷所　東大圖書股份有限公司
　　　　總經銷　三民書局股份有限公司
　　　　　臺北市復興北路三八六號
　　　　門市部　復興店／臺北市復興北路三八六號
　　　　　　　　重慶店／臺北市重慶南路一段六十一號
初版　中華民國八十三年九月
編號　E 90026
基本定價　陸元
行政院新聞局登記證局版臺業字第〇一九七號

有著作權‧不准侵害

ISBN 957-19-1683-8 (平裝)

佳士得於倫敦拍賣現場

明　青花罐　約1350作　高28.5公分
估價　800～1200萬港幣

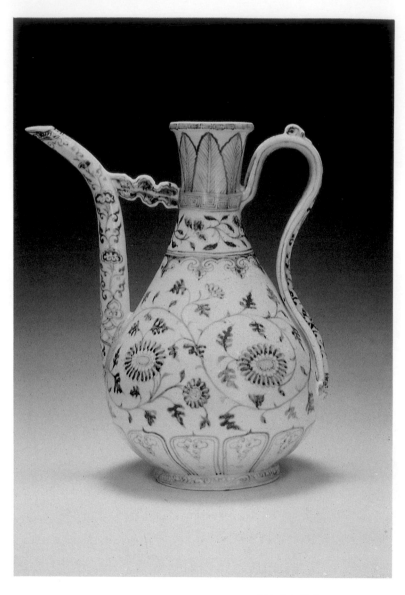

五月香港蘇富比瓷器估價最
高的明洪武青花菊花紋執壺

反映了三種文化特質的
元青花印花花果紋綾口大盤

明永樂
青花綬鳥荔枝紋大盤
徑59.5公分

明宣德
青花海水遊龍紋高足盌

遼　三彩摩掲魚形注子
公元十一至十二世紀　長31.5公分

宋　木雕觀音

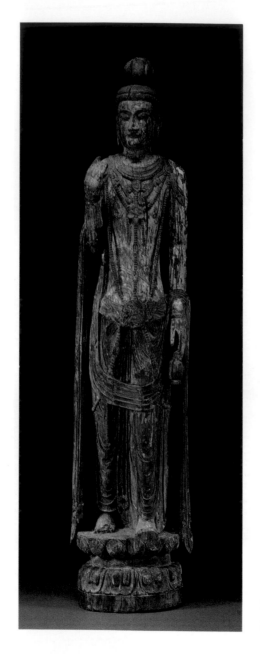

元
木刻加彩觀音

羅漢　水墨紙本　手巻

北宋　石恪（傳）

南宋 顏庚 鍾馗元夜出遊圖 手卷 吳寬題跋
水墨絹本

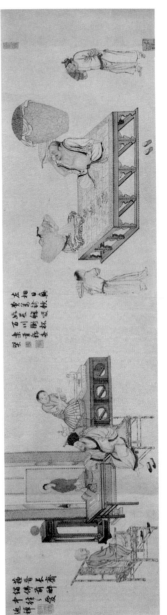

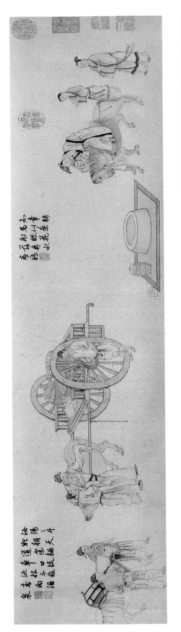

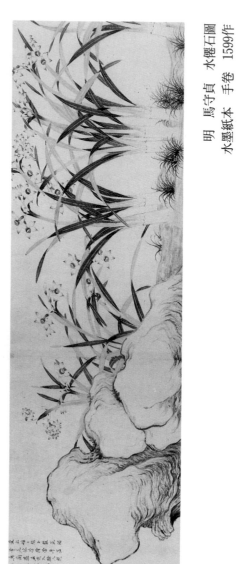

八大山人
荷花　水墨紙本　立軸

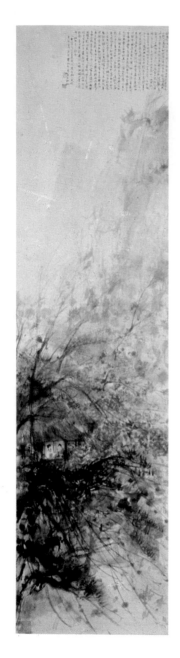

傅抱石
寫歐陽修秋聲賦詩意圖
135×33.5公分
估價　90～100萬港幣

吳昌碩
達摩　設色紙本　立軸
1915作　王震題簽　賣22萬港幣

徐悲鴻　獅蛇之會　設色紙本
立軸　1938作　20～25萬港幣

余承堯
山水　設色紙本　立軸

石魯　高山仰止　設色紙本
1959作　45～55萬港幣

「滄海美術／藝術論叢」緣起

　　民國八十年初，承三民書局暨東大圖書公司董事長劉振強先生的美意，邀我主編美術叢書，幾經商議，定名為「滄海美術」，取「藝術無涯，滄海一粟」之意。叢書編輯之初，方向以藝術史論著為主，重點放在十八、十九、二十世紀。數年下來，發現叢書編輯之主觀願望還要與客觀環境相互配合。在十八開大部頭藝術史叢書邀稿不易的情況下，另外決定出版二十五開「滄海美術／藝術論叢」。

　　藝術論叢以結集單篇論文成書為主，由作者將性質相近的藝術文章、隨筆分卷分篇、編輯規劃，以單行本問世。內容則彈性放寬到電影、音樂、建築、雕刻、插圖、設計……等文學以外的各類著作，為讀者提供更寬廣的服務。讀者如能將「藝術論叢」與「藝術史」及「藝術特輯」相互對照參看，當有匯通啟發之樂。

序

　　七九年，我任職香港藝術中心，適逢中共文革剛結
束，大陸老一輩水墨畫家南下香港舉辦畫展蔚爲風潮，
引發了我對中共當代水墨畫藝術的興趣與認識，也因之
結識了爲我所仰慕的畫家前輩們。以後趁北上開會或旅
遊之便，大江南北造訪大師，登門談畫論藝之餘，也不
時專程前往內地觀賞畫展。每遇略有心得，便爲文發抒
己見，或是深怕重要畫展沒受到應有的注意，更迫不及
待訴諸文字，讓自己的「發現」與愛藝者共享。《藝術與
拍賣》一書就是這樣寫出來的。

　　八〇年代初，英國蘇富比拍賣行開風氣之先，在香
港首創中國近代、現代繪畫拍賣，我把預展場合當教室，
接觸了鴉片戰爭以後的近代、現代水墨藝術，與先前學
的當代連接了起來。

　　〈馬可孛羅〉是我寫拍賣的第一篇，蘇富比爲贊助
維修長城，在北京紫禁城太廟舉辦一次別開生面的籌款
拍賣，令我大開眼界。此文在《聯合報》繽紛版刊登後，
承編輯馮曼倫女士相邀，讓我佔旅居香江的地利之便，
一系列報導藝術拍賣以饗臺灣讀者。

　　繼蘇富比搶攤香江，英國另一家拍賣行佳士得也不

甘落人後，加入拍賣行列。於是，香港春、秋兩季拍賣，加上紐約、倫敦的中國古董文物古畫拍賣，拍賣官的槌子此起彼落，敲得好不熱鬧，八九、九〇股票狂飆，臺灣買家成群結隊過海尋寶，拍賣場上鄉音繚繞，更鼓動我報導的興致。

文章陸續登出後，所引起海、內外的注目，令我始料未及。報社轉來的信中，竟有來自遙遠的非洲。

為了遷就系列文章拍賣的主題，本書有幾篇，原意並不在市場，但也只有千方百計找出與拍賣有關的目錄拼湊成文，最明顯的莫過於〈紫砂壺拍賣絕響〉和〈中國古佛雕〉二文。前者是我看了香港收藏家羅桂祥先生捐獻的茶具文物館，有感於它是舉世唯一的茶具博物館，值得為文介紹，但為了與拍賣掛鉤，也打聽出羅氏捐贈的明代紫砂壺來自一次空前絕後的紐約舉行的拍賣，只有千里迢迢跑到美國，利用關係，借出已成為絕響的拍賣目錄。

〈古佛雕〉一文是感動於陳哲敬先生蒐集流落海外佛雕的心願，文末也只能附上古董商盧芹齋佛雕拍賣的記錄。

旅居香江，初入拍賣場，也曾探究瓷器斷代鑒定，甚至舉牌參加角逐心愛之物，每次拍賣官口中喃喃幾個數字，頃刻間便已超出我的能力範圍。阮囊羞澀，令我大有挫敗之感。使我放棄瓷器收藏的另一個原因，是覺得它的挑戰性遠遠不及書畫鑒定。瓷器雖反映一朝一代

的文化、審美、民生……但畢竟是工藝品。比起蘊藏文人精深修養、美學的書畫，似乎較為容易掌握。

　　這也許是我的偏見。但顯而易見的是本書以書畫為主，瓷器僅有〈元洪武青花瓷器〉、〈明清官窯大拍賣〉兩篇短文。

藝術與拍賣　目次

古今書畫拍賣及其他

訪問蘇富比書畫專家張洪先生

　　美國加州柏克萊大學藝術碩士張洪先生，曾任職蘇富比拍賣公司，負責鑑證評值中國字畫，趁他一九九〇年八月間東來，三次對談寫成此訪問。

■中國字畫市場的拓荒者

施：蘇富比的中國瓷器拍賣，一九七三年十一月第一次在香港文華酒店舉行，結果是出乎主辦人意料之外的成功，因爲當時收藏中國瓷器、古董的，主要是日本人，香港的買家還未出現。近代、現代的中國繪畫拍賣，遲至八〇年才開始。你是在紐約加入蘇富比中國繪畫部門的，可否談談當年拍賣情況？

張：我是七九年受聘，最初負責編拍賣目錄，也就在這時候，紐約正式訂定一年兩次的古畫拍賣。以前是把畫和瓷器古董混在一起。當初畫價很低，平均美金八百元一幅，質量均差。

八○年吧，我們舉辦了一次現代畫家作品拍賣，介紹新的、在世的畫家：張大千、吳作人、王季遷、程十髮等，連余承堯也有。我想西洋畫有現代畫家作品的拍賣，為甚麼中國畫就必須老賣古畫？我拿出在學院裏受的訓練，精心編了每一位畫家的介紹，附在拍賣目錄上，結果因市場太新，推出時間太早，拍賣過後，扣除開支，好像才賸八元美金的贏餘。

　　那時剛從學校出來，還沒有賺錢觀念，只知道構想很好。經過這次嘗試，發現單介紹全新的畫家行不通，必須把任伯年、齊白石、傅抱石這幾位大名家拉進來。他們的成就已被公認，有市場的。

施：八○年，文革剛結束不久，程十髮在美國的畫價很突出。

張：程十髮的畫賣得好，美國學者對他知道比較多，像蘇利文、高居翰都寫過文章，對他有興趣。

施：中國畫市場的開闢，蘇富比佔風氣之先，你可算是拓荒者，先後帶動了畫的價格，最初也最明顯的該是傅抱石和丁衍庸的畫價。

張：中國畫價上漲，是近五年來的事，原因是懂得、喜歡的人漸多，經濟普遍好轉，藝術市場從瓷器開始轉向繪畫。八○年仇炎之瓷器收藏在香港拍賣，帶動了市場。蘇富比決定在香港開闢新市場，是看中香港、臺灣人基於文物回流的心理，出手競投，

還眞是有遠見！

　　當時傅抱石的名氣大，但作品價值偏低，有藏家肯賣，結果一炮即響，丁衍庸的畫本來就太便宜，一拍賣，也高了起來。

施：直到今年三月佳士得拍賣，傅抱石的畫價一直是紀錄的保持者，八四年二月蘇富比的「唐人詩意圖」冊頁得一百六十萬港幣，八九年佳士得的傅抱石「九張機」仕女冊頁，以三百萬高價爲臺灣收藏家收藏。石魯的畫價，最初也是在蘇富比拍賣創新高。

張：對，八五年紐約拍賣他一幅「華嶽之雄」，畫於一九七一年六月，我估價二萬至二萬五美金，人家以爲我發瘋。在這之前，石魯的畫才值幾千美金，不過，我看出這是一幅好作品，每本石魯畫冊都出現這幅畫，它的重要性可想而知。結果證明我眼光沒錯，以五萬美金賣出，在當時是個大價錢，比古畫還要貴。這幅「華嶽之雄」拍賣還有個過程，我跟一位藏家提過，如果要把石魯介紹出來，一定要拿出他的精品，像畫冊上印的這幅「華嶽之雄」，幾年之後，那個藏家眞的交來這幅作品給我們拍賣。

　　對石魯，我並不是特別喜愛，但我欣賞這幅作品，我覺得它代表石魯的一切，從中可感受他的心理壓力、他的內心焦慮、緊張——也正是當時中國人的心理狀況——包含的筆墨有傳統有現代，構圖尤其大膽，上面是黑壓壓的華山，畫的下部是空的，畫

家所有的精神全放到這幅作品裏去，眞正打動了我。

施：石魯被美國收藏家Ellsworth比喻爲「中國的梵谷」。聽說Ellsworth在北京「榮寶齋」發現了石魯的畫，八四年開始收藏，兩年之內買了六十多幅。「集古齋」本來要開他的畫展，也只好作罷。石魯畫價飛漲，是否與藏家擡高、做價有關？外邊有一些傳言。

張：別的我不知道，但Ellsworth從來不拿石魯的畫給蘇富比拍賣，那幅「華嶽之雄」旣非他拿出來，買家也不是他。

施：拍賣行具操縱畫價的本事，似乎是不爭的事實！

張：我們從不有意識的去捧某一個或某幾個畫家，滿足供求之外，主要是擴大市場，看準一些低於所値的作品，爲將來的市場做準備，賣畫的人要看到畫價上漲才肯把東西放到拍賣行。我們過去憑感覺、經驗看出傅抱石的畫上漲的潛能，但現在已漲得太厲害了，必須去找還沒被挖掘出來的畫家。像吳琴木，沒有人知道他，但作品好，想賣的不會要價太高，應該有藏家喜歡。所以我們主要看作品，合適的東西才會吸引買家，而不光看畫家。

■拍賣行不保證眞僞

施：所以最近你們把眼光轉向小名家？

張：大、小名家其實很難分，要看甚麼時代，比如二、
　　三〇年代時，「三吳一馮」的作品要價很貴，簡直和
　　四王一樣貴，於是收藏家開始買並不太傳統的吳昌
　　碩、黃賓虹、傅抱石、齊白石，因爲它們在當時便
　　宜。結果「三吳一馮」現在賣不起價，但傅抱石、
　　齊白石卻貴得驚人。

施：可見市場可以帶動、影響美術史。傅抱石、齊白
　　石比較適合這時代的審美，但冷門多時的畫家，像
　　「三吳一馮」中的吳湖帆、馮超然等畫家，最近又
　　起死回生，逐漸上來了，這似乎也是拜蘇富比之賜！

張：從前被視爲傳統、正統的這些畫家，冷藏過一個
　　時期後，又回來了，可見傳統沒完全斷，又開始被
　　注重了。人們希望對傳統有所了解，不滿足只停留
　　於傅抱石、齊白石，有意想往上追，好奇得很。我
　　們拍賣從前被重視，現在冷門，但比較傳統、功力
　　深的畫家的作品，如吳湖帆、馮超然的，符合某些
　　買家的經濟能力和心態，價格低而作品實在好。

　　　今年十一月的拍賣便有兩個極端，一方面拍賣現
　　代、新的畫家的作品，像曾幼荷、陳家泠的；另一
　　方面又拍賣馮超然、吳琴木一般傳統畫家的作品；

當然也包括傅抱石、齊白石的，這樣做是有意識的擴大買家範圍。

施：那麼，蘇富比收畫拍賣的標準又是如何？

張：盡量客觀，拋除個人的好惡，自己喜不喜歡是另一個問題。我們希望找每個畫家的代表作，了解作品的優點是在哪裡，當做學習過程。

施：臺灣藏家有一度極喜歡吳待秋的畫，可否比較香港、臺灣、新加坡的藏家和洋人藏家的品味異同之處？

張：香港、臺灣的喜歡大名家之作，臺灣的喜歡比較傳統的，像馮超然、吳待秋的作品都受歡迎；張大千、溥心畬、黃君璧的畫的買家更多。香港喜歡比較創新的，像吳冠中、呂壽琨等的作品。新加坡人較喜歡程十髮；外國人則不管名氣，光看作品，好就買，憑自己的品味下手。

施：八〇年代以來，國際藝術品價格飛漲，水漲船高，西方收藏家拿出整批藏品時，先與拍賣行談妥「保證價」，低於這數目時，由拍賣行自掏腰包，中國畫還沒到這地步吧？

張：中國畫，古代與近代的，都沒有「保證價」，中國畫市場才只有十年的壽命，太年輕了，不像瓷器，市場早已穩定，而且比較起來，中國畫也太便宜，還沒到賣主可要求「保證價」的階段。

施：拍賣目錄也不註明保證真品？

張：蘇富比不保證眞假，主要是對中國近代、現代畫
　　家的認識還停留在收集資料的階段，資料不全，很
　　難做研究，而且無法用科學方法判斷眞僞；加上不
　　同意見太多，沒有被大家公認的權威。不管古畫、
　　近代畫，臨摹的傳統仍然延續，製造假畫的高手又
　　多，程度也高，我們不敢保證眞假。

　　　鑑定等於是做比較，讓資料收集得更齊全。現在
　　公開展覽多，不再像從前，藝術品只一小圈子人私
　　底下流傳、玩賞，一般人根本看不到。現在這麼一
　　來，畫的眞假就比較清楚了。說老實話，拍賣其實
　　是一件好事，公開展出，提供給有興趣的人欣賞、
　　研究。

施：可是據說拍賣場爲是非之地，有些人到場中指指
　　點點，批評蘇富比賣假畫。

張：蘇富比的買家並不全是內行。有的行家喜歡跟我
　　們搗蛋。害了拍賣行無所謂，害藝術品就讓人難過
　　了。比如有行家看中一件作品，他怕別人競投會把
　　價錢標上去，便硬說是假的，結果沒人敢買了，他
　　可便宜入貨。也有拍賣上掛的某幅畫，本來是他以
　　前看過而沒買成的，懷恨在心，便將眞的說成假的。

　　　行家拿東西來給我看，也很有意思，先拿差的、
　　假的東西考我的眼力，慢慢才拿好的。

　　　藝術顧問這行業還沒建立，收藏的想要免費的服
　　務有時會問行家，有些行家故意亂講，整他們，更

製造混亂。

施：你如何對付搗蛋的行家？

張：保持距離。我希望有志於收藏的要自己用眼睛看，不要隨便聽廢話。

施：聽說拍賣場中除了行家、收藏家之外，炒家亦入市？

張：古畫本來就有限，炒不起來。近代、現代畫還可繼續做，但如作品不好，炒也沒用，價錢一定會往下掉。我反對把買畫當成一種投資，這是錯誤而且危險的觀念；只要喜歡，買得起，又肯下點功夫研究，是件好事。中國畫與別的藝術品不同，不只是價錢問題，市場也不穩定，想出手時不一定可賣好價錢。

施：對有志收藏者，還有其他建議嗎？

張：第一，先決定自己喜歡哪一類、哪一個畫家的作品，比較集中、範圍窄一點好一些；第二，收集資料學習；第三，常聽懂的人的意見，琢磨研究。

施：擔心有朝一日收不到好畫來拍賣嗎？好像有一種趨勢，好作品流轉愈來愈少。

張：好東西愈來愈少，慢慢會形成危機。買家被拍賣行寵壞了，其實好東西很難找的，古畫就這麼些，很有限的。要滿足買家愈來愈高的要求，難極了；沒有佳作，又怕對我們失去信心。近代、現代的名家，像潘天壽、石魯、傅抱石的畫本身就少，市面

流通不易，齊白石、黃賓虹、張大千作品多，但好壞相差太大，精品少，比例太過懸殊。

■鑑別書畫，中西有別

施：中、西學者對中國繪畫鑑賞有別，請大略做個比較。

張：中國人鑑定一幅畫，是憑直覺——第一個印象的感覺——是靠經驗，注意筆墨，每一個畫家的線條筆墨都有他的個性，看慣了，就容易把握，認識每一家用筆的習慣，大致不會走眼。

外國人比較科學化，這和他們的教育方式、態度有關。一幅畫拿到手中，要跟記憶中同一畫家的作品做比較，腦子有印象，然後再考證、分析研究，看得很細、很慢。

施：西洋學者是如何欣賞、鑑定中國繪畫的？可否舉例說明？

張：我曾在柏克萊大學跟James Cahill學美術史，他在研究所開研究文徵明作品的課，首先把他所有的作品幻燈片找出來，按創作年份，不管真假，研究他早、中、晚期的特點，一邊看一邊讀文字資料印證，淘汰不對的偽作。

有年份的看完了，沒年份的也放進去，有爭論的也一起研究分析，最後把文徵明門人學生的作品也

拿來做比較，連學生做的假畫也放進來討論。

施：這般仔細的研究一家或一派之作，實在徹底，你們花多少時間來分析文徵明作品呢？

張：整整一個學期。中國學者也有用西方這套方法來做研究的，比如說王方宇先生寫八大山人的書，他先把八大的作品，不管真假先一起收集，然後按資料分類，不光畫作，還包括書法，細得不能再細。

施：西方這種研究方法，應當是萬無一失囉？

張：並不盡然，沒有人敢說資料是百分之百的齊全，總會有遺漏的。而且有些外國學者看畫的經驗不夠豐富，基礎沒打好，不知如何比較，分析太細，往往會走入死胡同迷路，犯錯誤。

施：中國鑑定方式，反而管用？

張：中國人憑第六感看畫，也可看出八成。中國鑑定家同時看幾十個畫家的作品，不像外國人抓住文徵明一家反覆推敲，太狹窄了。

施：一幅畫展開，外國學者注意到甚麼？與中國專家看畫的程序不同嗎？

張：外國學者打開一幅畫，先從大的部分看起，先感受整體的氣氛，再看它的結構章法、題材內容，分析樹、石的佈局關係，最後才看線條筆墨。外國學者看的是 *finish products*，就是已經畫好的成品，而且是從大到小逐步推敲，看一幅畫得花上很長時間。

中國專家鑑定一幅畫，是先從小的看起，從最細

的用筆開始，只需看一时即可，找尋線條與線條的關係，再看構圖章法。中國鑑定家自己也是畫家、書法家，因此入手很快，一幅畫一打開，看一眼，即能辨眞僞，快得很。

施：談談你自己的鑑定方法。

張：我是中、西各取優點，兩邊走，第一眼從細處筆墨看，對的留下，淘汰假得離譜的，節省看畫時間。接下來，將有可能拍賣的畫一幅幅掛起來慢慢看，有爭論的，看得特別仔細。先把全部找得到的資料搬出來，看簽名、題字、畫法、題材、用章合不合條件。如果圖章在印譜中找不到，要注意，再看題款、簽名、年份有沒有問題：若是七十歲的寫法，卻是八十歲的風格，就有矛盾，但反過來卻有可能——早期的畫晚期再題。

　　眞正解決不了的，請敎專家，承認經驗還不能說完全夠。

施：古畫牽涉太廣，鑑定困難重重，但近代、現代名家你看得多，應該不太會出錯吧？雖然每次拍賣，總是議論紛紛。

張：比較有把握的是傅抱石、吳昌碩、張大千，沒有把握的是看吳冠中、石魯、潘天壽，最令我頭痛的是齊白石。

施：因爲齊白石假畫太多？

張：假畫多是原因之一，他的面目又太多，山水、人

物、花鳥、草蟲、魚蝦無所不畫，有工筆有寫意。上海人看齊百石，意見與北京人有分歧。可能是門人故意弄亂，有些人希望真假不分，怕假的沒有買家，便否認真的，弄得大家都糊塗了。

　　早兩年傅抱石的兒子曾經向記者公開說蘇富比拍賣的傅抱石作品全部是假的，後來向我們道歉。有些畫家的後人為了自己的利益，公開宣佈外邊的東西是假的，只有到後人那兒才買得到真的。有可能後人為了推銷自己造的假畫，故意把假的說成真的，真的說成假的。

■傳統筆墨失傳

施：你是土生土長的美國華僑，直到大學還一句中國話都不會說，怎麼會對中國繪畫發生興趣？

張：十幾歲在紐約看過張大千的畫展，對他六〇年代潑墨、破彩作品，印象很深，可惜限於環境，接觸不到中國藝術。有一年看到父親在大陸拍的一張黑白舊照片，照上漁翁在船上垂釣，我拿水彩臨了一張送父親當聖誕禮物。父親發現我想畫畫，帶我到王濟遠先生那兒學中文、美術史；之後我發覺未能滿足我對中國畫的求知慾，後來便到柏克萊讀藝術史碩士，跟老師王季遷先生學習。

施：你本來已決定攻讀博士，遇見王先生，改變計畫，

也因此改變了你一生。

張：王先生到西岸給我們開課講中國藝術，學期結束，我決定跟他回紐約，連博士學位課程也放棄了，為的是跟他學畫。王先生是位大收藏家、畫家，原先是吳湖帆的學生，傳統功力深，他本人學法律，腦子清楚。他在美國敎了幾十年書，已經整理出一套系統的方法來敎學生，不像吳湖帆老一輩的，從來不敎，只和學生一起看畫。

把家搬回紐約，一星期兩天到王老師家。他拿出明、清古畫眞跡給我們臨，從早臨到晚，他看我們臨畫，偶而給我們改動一下。從第一課開始，他講的就是中國畫的筆墨，我足足摸索了半年後，才知道王老師所謂的筆墨是怎麼一回事。

施：你常常強調筆墨是中國繪畫——起碼古畫——的靈魂，究竟你心目中，或王季遷先生心目中的筆墨是甚麼？

張：照字面來說，筆、墨是工具，但講筆墨並不是講工具，它是很深的，絕不止於拿筆的方法。比如說以前認為中鋒好，偏鋒不好；王老師敎我，古人講中、側鋒，不是拿筆的方法，我們把拿筆的方法和線條的性質混淆了。筆墨講線條的運轉，中鋒畫出來的是圓的，偏鋒畫出來是扁的；圓的好，扁的不好；但大畫家可以做到筆是斜拿的，畫出來的線條是圓的；側鋒畫出圓線條，很難的，功夫就在這裏。

圓的線條可產生立體感，包括一切，大畫家用筆反其道而行，與自然規律對抗，故意不自然，但看起來卻很順、很美，圓就是自然。

　　墨也大有講究，照道理筆含水分愈多，便愈淡，反之愈濃，但你看倪雲林、董其昌的淡墨乾皴，水分多的筆畫出來的線條淡而乾，了不起！董其昌的線條看似軟綿綿的，但軟中有勁，柔中帶剛，含蓄耐看。

施：分辨筆墨的優劣，是門大學問，特別是近代、現代畫家，好像對筆墨不講究。

張：對極了，近代畫家試圖創新，大都不重視筆墨，比較依靠技巧，潘天壽是最突出的例子；他的畫注重結構、構圖，講究色彩運用，要求畫有新意；石魯、吳冠中都屬這一類。所以我常說要造潘天壽假畫很困難，但臨潘天壽的畫比較容易，他的作品貴在構圖創意，齊白石的也一樣。

　　這一百多年來，中國畫家已不講究筆墨。當代畫家就知道有任伯年、吳昌碩，再往上推，石濤、八大，再上去呢，知道的就有限了；對古畫更不了解，無從欣賞，這是一個歷史的現象。

　　現代人看畫，對畫的要求和古人不同；時代不同了，現在作畫自由，工具、題材、意念豐富多面，這是件好事。可是中國古畫有它了不起的傳統，從宋到清，文人畫最基本要求就是筆墨的講求，現在

這種想法被認為太古老了，畫國畫可不必談筆墨，
或者是各說各話，沒有一點共同的標準、看法，這
是很危險的。

　　我們應該把現代畫和古畫分開來講，論鑑賞，不
能用今天的眼光來批評古畫；反過來，也不能用老
方法來看現代的作品。

施：每一種文化或藝術的興衰都逃不過它的周期，近
　　代人不再重視筆墨，是否因忙於在創新下功夫，認
　　為筆墨已過時？

張：我的想法比較中國化，相信傳統古典中國畫是永
　　恆的、絕對的、遲早要回來的。現代人不珍惜傳統
　　筆墨，只能說是因為無知，不明白它的好處；真正
　　了解筆墨是要下功夫的，為甚麼從前給它那麼高的
　　評價，一定有它的道理。

　　現在大家批評四王，不能光看他們的缺點，想想
看為甚麼當時以及後來幾百年他們那麼受敬重。反
對可以，先了解再反對，不要盲目。我跟王季遷先
生學畫，最吸引我的是筆墨，現代人不珍惜，失傳
了。

■文人畫具現代感，是永恆的

施：你說中國古畫其實可以很抽象，很具現代感，你
　　紐約家中一幅元代王蒙山水複製品，你讚嘆它很現

代，究竟如何說起？

張：六朝的山水畫、王蒙、倪雲林等大家的山水，主
要不是在畫風景，雖然有山有水，但並非完全寫實
照抄自然景物，它所表現的不在於題材，而是在內
容，在於筆墨，這觀念與西方現代畫不謀而合。現
代畫強調內容不應受制於題材，幾乎可以拋棄題
材，主要是表現內涵。

以倪雲林為例，他畫了一輩子相同的題材，你可
以說他重複，但其實不是，他要表現的不在於實際
的風景；像西洋現代派的畫家，表面看每幅畫都是
方塊，但他是在找方塊與方塊的關係，稍微不同，
感覺便不一樣，他就在表現那種不一樣。

王蒙的畫很滿，這也是一種現代觀念。時代在進
步，時間在推進，但哲學思想或美學觀念與時間無
關，是永恆的。

施：蘇富比、佳士得都在紐約拍賣古畫，買家除了博
物館之外，更多的是外國收藏家，照說古畫應該是
中國人收藏才是。

張：這是一個很有趣的現象，我們有一種先入為主的
概念，以為外國人缺乏文化背景，無法欣賞中國古
畫，港、臺藏家對古畫傳統較有認識，當然爭相收
藏；結果正好相反，港、臺買家買新畫，「不懂」的
洋人反而買古畫。順便提一提，洋人不喜歡現代名
家的作品，會不會有一種可能：新的中國畫真是不

夠好？

施：古畫、文人畫等於是中國文化的精髓，中、西文化有別，外國人何能欣賞、掌握？

張：古畫從宋到清，範圍太廣，歷史太長，好的作品又太多，又有各流派門人之作，複雜得不得了，而且來源稀罕。喜歡金農的，想找十幅他的畫，得花幾十年功夫；而現代名家的東西多，資料又全，臺灣國泰美術館出版王一亭的畫冊，一印就是二、三百幅，嚇死人！

　　為甚麼反而外國人欣賞古畫、了解古畫？以美國來說，社會早已進步到注重全民文化，藝術教育完備至極。反觀港、臺、新加坡經濟才起飛不久，大陸人民連溫飽都有問題，如何買畫。美國人受文化薰陶，他們學習藝術的環境、層次，和古代中國文人畫家的環境、層次相似，同是過著優越的文人生活，他們雖然不懂中文，但欣賞藝術品，毫無隔閡，這就是我所說的，古畫、文人畫可以國際化。

施：聽說外國人買古畫，喜歡人物畫、亭臺樓閣一類的界畫？

張：剛好相反，四王、倪雲林作品的買家偏偏是外國人；前兩年做封面的吳彬的石頭「巖壑奇姿」，就是兩個外國人搶。簡單的工筆人物畫，反而是被臺灣人買去。

　　古代中國文人精緻優雅的藝術符合了二十世紀

歐、美人的文化修養品味，找到知音，可見文人畫是不受時間限制的。

外國人買古畫，眞假鑑定是另一回事，他們多半是眞正喜歡才買，並不考慮投資經濟回收，這也和買新畫的港、臺人不一樣。

施：你在一次訪問時說道：「美國能接受宋、元、明、清之作，歐洲停留在將古畫當牆紙的階段」，指的是現在？

張：八國聯軍搶走不少好東西，我每年都幾次到歐洲「發掘」不被理解的古畫拿回紐約拍賣。歐洲人把中國瓷器當工藝品，繪畫當牆紙裝飾，你懂得這當中的貶意。我在英國一些古堡看到的所謂中國物品，全是最俗氣的。歐洲人褒西貶中的主觀偏見、文化優越感，使他們對文人畫因無知而盲目鄙視，不願承認中國畫，接受它是 *Fine Arts*；加上從前一些研究中國繪畫的所謂學者，用自己的偏見來看畫，像 *Arthur Waley* 亂寫一通，簡直可笑又可惡！這種偏見到最近一、二十年才逐漸修正。

施：最後一個問題，一般認爲中國書法價值偏低，與從前不成比例，你的看法？

張：我看有幾個原因：一是對書法了解不夠，二是收藏書法的藏家少，三是從前文人不願出售書法，認爲太過俗氣。明、清時，傳統書法比畫的賣價起碼便宜三分之一；近代光賣書法的還是少數，市場上

畫家的字能賣錢，書法家的不一定能；于右任的字早幾年並沒有人花錢收藏，現在也只在臺灣有市場。

(1990‧9‧香港)

馬可孛羅歸來

蘇富比的紫禁城大拍賣

　　五月(1988)蘇富比的香港拍賣會上，一本標題爲「馬可孛羅歸來」紫禁城義賣的目錄吸引了我，封面是一幅壓縮成四方形的五星旗，由黑底襯托，十分搶眼。

　　翻開目錄，才知道是由中共、法國「國際修復長城和拯救威尼斯委員會」聯合舉辦，委託蘇富比拍賣行主持拍賣。

　　爲了搶救日漸下陷的水城威尼斯和修復長城，兩三百位歐美名流於六月初雲集北京參加爲期四天的活動，排出的節目包括頤和園午宴、皮爾卡丹在長城的酒會、威尼斯式的面具舞會，還有最令我豔羨的——在天壇圜丘壇吃早餐。

　　「人民大會堂」的宴會之後，接下來，中、西名家的音樂歌唱會，蘇富比的藝術品拍賣則爲壓軸。

　　音樂會由「文化部」的英若誠主持開幕，我後來於旅次中看到電視錄影，西方聲樂名家盛裝登臺，觀

裳禮服出席，不愧爲今年初夏一大盛事。

一

　　六月初，趁北京旅遊之便，驅車前往勞動人民文
化宮，參觀蘇富比藝術品拍賣預展。司機轉入天安門
東邊一條巷子，其實這朱牆黃瓦的宮殿古建築，原爲
明、清兩代帝王祭祀祖先之處，舊稱太廟，五〇年才
改用這可怕的名稱。

　　從邊門走進，園內古柏參天，葡萄架下後設的石
椅，北京老人們下棋閒坐，悠遊自在；繞過古柏綠蔭，
太廟威嚴盡在眼前，三重圍牆內，三進大殿，前殿漢
白玉石的殿基，是過去皇帝祭祖的祭場，兩邊廡廊配
殿貯藏祭器，中殿又名寢宮，也是大門緊閉；穿過杳
然無人的廣場，來到本來供奉皇帝遠祖神位的後殿祧
廟，即爲此次義賣預展之處。

　　踩上階前石級，古代建築之氣勢威壓下，自覺無
限渺小，這種感覺與摩肩擦踵遊故宮時全然兩樣。

　　階前草率地用紅紙黑字指出會場，大門虛掩，明
天才正式開放，我指著目錄上的日期與看門人力爭無
效，還沒布置妥當，只有再跑一趟，說得可眞輕鬆。

　　從虛掩的大門看進去，裡頭影影綽綽，引起我的
好奇，隔天拉了朋友同來，入場券五元人民幣，蘇富
比拍賣展覽從未有收門票之先例，既然爲募捐做善

事，樂意奉獻，想買本目錄送給朋友，發現居然可以講價。

正在論價時，香港來的蘇富比職員認出我，叼著香菸向我推銷目錄的兩個青年這才不敢吭聲，難道想發財想瘋了的北京人，打主意打到這義賣的目錄上？開放後的大陸眞是無奇不有。

跨過高高的門檻，幽暗的大廳打著燈光，照亮展賣的作品：中國畫家義捐了十三幅畫作，趙無極兩幅水墨小畫，與香山飯店巨幅水墨畫風格如出一轍，像是印在宣紙上的墨跡，追求筆觸與暈染的效果。

吳作人的行楷書法，長城威尼斯，一行小字：「長城記懷，威尼斯下沉，急待拯救。」吳冠中線描的「黃山日出圖」、黃冑的「人驢圖」、程十髮花卉、陸儼少唐人詩意山水，其餘則爲徐希雨淋淋的江南風情、朱屺瞻近百歲畫的「淸紅圖」等，鄧小平女兒鄧林的「白梅」也參與湊興。

紐約赫夫納畫廊，在美國推動大陸新起油畫家的作品，這回義捐三幅油畫：王懷慶的「在山脊上的長城」；著名詩人艾靑之子艾軒的「荒涼的沼澤地」：他擅長以邊疆少數民族爲題材，畫的是一個包頭巾、穿靴子的蒙古少女，背著一個大竹簍，側立荒涼的淺黃沼澤地；還有王沂東的「搗米」，亦爲鄉土寫實油畫，紅棉襖、藍花布褲的農家女，在家禽鳥雀圍繞中，以最原始的方式搗米。拋開精確的寫實技法不談，光看

這三幅作品的題材，便可反映出赫夫納畫廊對大陸畫壇的興趣，仍停留在獵奇心態，還是被畫中落後原始的生活方式所吸引。

二

義捐的西洋藝術部分，則令人眼花撩亂，全爲現代派之作，分別由歐、美各國的藝術家本人、或畫廊、博物館捐出，共襄盛舉。作品中，平面繪畫，或用水墨、彩粉、壓克力、油畫等材料，畫風抽象大膽，應該爲封閉的大陸藝壇帶來一些衝擊，雖然大名家之作似乎寥寥可數。

第一位到西藏展覽的美國現代藝術之父羅伯特勞斯勃格的巨幅壓克力作品，還是一貫拼貼風格；但用的是顏色、構圖分割，而非習見的麻布、報紙拼貼；畫之下角有半個牛車輪，題名「中國諺語」；同去朋友要我說明其意，我只能微笑，由她自己意會。

另一幅美國通俗畫家，抽象表現派的保羅詹金斯橫幅作品，頗富裝飾性。

一組八張的風景人物作品，立意新穎，藝術家埃羅特把威尼斯和中國人物風情拼貼在同一畫面上，於是羅馬大教堂的前景是紅軍在爲孩子理髮，鏡樓廣場前有蜿蜒的長城，或大陸農家樂及插秧播種等等場景。

有兩件金屬雕刻造型藝術，其餘的作品則用時下流行的混合材料，如樹脂、壓克力畫在有機玻璃上，題爲「燃燒的灌木和斑鳩」。義大利藝術家的雕塑，木頭上用布、照片、三合板釘的四方形木盒和貼面塑料等又像雕塑，又是繪畫。

站在做爲封面的這幅題爲「貢物」的作品前，不禁莞爾，五星旗壓縮成四方形，副題「壓縮的肖像」。兩岸中國人視國旗爲國魂，絕不容許糟蹋汙損，缺少英、美人將國旗裁成短褲穿著滿街跑的幽默感。「貢物」一畫能在北京出現，可能因洋人爲維修長城，出錢出力，一片好心，中共官方才不得不三緘其口。

意義比較深遠的是丹尼爾布倫捐的十二面旗，八面紅、白相間，四面黑、白兩色，分別插在長城三個塔樓的四個角落，買主將這十二面旗捐給中共當局，每回一遇威尼斯、長城保護會的活動，必懸掛於長城之上。

把景觀藝術的觀念帶到大陸，不失爲一個好主意！

畢卡索手繪的陶瓶，應歸入其他工藝品一類，這隻註明一九五四年所繪的單把陶瓶，由畢卡索遺孀魯薏絲捐出，瓶身深灰，在白紬瓶腰上畫了藍色線條，估價十三至十六萬人民幣，凡是畢卡索碰過的，那怕才一筆一畫，都身價百倍。

三

　　歐洲名牌廠家各盡其能，卡地亞的水仙花珠寶項圈、尼娜麗姿的香水；法國克魯格的香檳佳釀，標貼由藝術家特別設計，以長城為題，一七七七年釀製，十九世紀上半葉裝瓶的軒尼詩白蘭地，是由製酒家族幾代傳下來的；此外還有名廠出品的水晶、瓷器，盛放魚子醬的鍍銀盤子；以馬的圖案出名的赫馬士馬鞍灰藍絲巾，馬可字羅騎在馬上，背面是中國煙火，靈感是受七百年前這位東遊的旅行冒險家所啓發。一塊九種顏色織在綠底布上，紅色線條象徵山脈的桌布和餐巾，在工藝品中最為突出，圖案如一幅現代畫，如果我買得起，一定挑這組實用的，特為這次拍賣設計的餐布，估價為四萬五至六萬人民幣！

　　展覽品中，與這暗沉沉的太廟古老建築氣氛最不相稱的，並非五花八門，各式各樣的藝術、工藝品，而是六個木製模特兒身上的時裝，她們站在明、清皇帝祭拜祖先的偌大高臺上，絲毫顯不出名家設計，所極欲表現的華貴富麗，倒像幾個靡麗的西方幽魂，在斗拱瓦片下搔首弄姿，狀至恐怖！

　　然而，拍賣那天，陰森森的太廟，卻另有一番景象，樓頂上的巨型燈盞大放光明，照亮了五百多位衣履繽紛的歐美人士，美、日等國大使夫婦亦出席此一

盛會，不少北京當地人士佇立後頭，好奇地靜觀英國拍賣公司在大陸的第一次拍賣。

蘇富比就地取材，太廟的祭壇成了臨時的拍賣臺，花了兩千美金，由《北京日報》動用關係聯繫了五條電話線，供應紐約、洛杉磯、日本、歐洲各地不能親臨，卻有心幫助威尼斯、長城的愛藝人士越洋競投，結果與現場買家競爭激烈，不少作品是在電話中成交的。

四五個國家的電視臺、世界聞名的大陸記者群集，蘇富比的拍賣，沒有一回可比得上這次熱烈的聲勢，這等風光！

而這一切，發生在建於五百年前的太廟，難怪拍賣官朱利安‧湯森讚譽爲最美麗壯觀而神奇的一次拍賣！

目錄封面的「賣物」，競投踴躍，被一對日本來的母女以二十三萬人民幣高價收藏，同一對母女，又認購了勞斯勃格的「中國諺語」，十五萬人民幣。畢卡索的陶瓶得五萬五。估價動輒十幾萬人民幣的名牌時裝，臨拍賣前，蘇富比宣布減半，雖說出自歐美名設計師的華服，總是所值不菲，但比照藝術品仍不應太過懸殊。

中國畫反應亦頗佳，不少作品均爲在場的外國人所購得，這些歐美上流社會的善心人士，去北京之前，可能除了趙無極或者略有所聞，其餘中國現代畫家作

品，應該都是初次目睹，能有此反應，頗難能可貴。

徐希的「江南喜雨圖」爆出冷門，得三萬二人民幣，與中年畫家龐希泉的貓圖同價，後者就職於《北京日報》，對這回義賣出過不少力氣，畫作得高價，或者是一種感謝的方式。

卡地亞的水仙花項圈，由金、藍、綠寶石、鑽石飾成，得價二萬八人民幣，為一大陸人士所購得，義賣在議論紛紛中結束。

步出太廟，小雨剛歇，搭棚的廣場預備了熱騰騰的午餐，「馬可孛羅歸來」拍賣會在餐敍中大功告成。

經過一年多的籌備，法國的皮爾卡丹在幕後鼎力相助主辦機構，蘇富比拍賣公司義務籌得近五十萬美金，估計可修一公里的長城。搶救破壞中的古蹟，其實人人有責，說不定港臺熱心人士會發動一個募捐義賣活動，搶救塌陷不斷的大同雲崗石窟。據最新消息，雲崗佛窟因倒塌嚴重，只好關閉，若不及時修復，將來臺灣遊客朝拜佛窟，極可能只賸土丘一堆！

(1988)

明清官窯大拍賣

　　世界古物拍賣的兩巨頭——蘇富比與佳士得公司，從拍賣中國古董的實地經驗裡，得到了相同的結論：

　　倫敦、紐約適合拍賣銅器、古畫、出土高古明器（殉葬品），及外銷貿易瓷。

　　香港的買家則喜好收藏明、清有款的官窯瓷器。近代和現代名家畫作的市場也在香港，後來居上的翡翠玉雕行情，更令行家刮目相看。

　　這兩家拍賣公司在世界各大都市，定期舉辦古物拍賣大會，九月底（1989）佳士得在香港希爾頓酒店拍賣的三百件瓷器，便以明朝青花、清代粉彩及單色釉官窯為主；宋、元瓷器僅只九件。這是佳士得在香港下半年的定期拍賣，部分名瓷在拍賣前曾空運來臺展出，場面頗值一記。

■熱門古董元青花

　　明代洪武的釉裡紅官窯，屢次打破瓷器的國際價

格，這次佳士得一隻元代末期的釉裡紅玉壺春瓶，估價三十五至四十五萬港幣，距離精品尚遠，因元末製瓷技術尚未掌握得十分完美，銅在高溫還原下不穩定，燒出來的釉裡紅帶淺灰色，色彩呆滯無光。專家之所以鑒定此器爲元末之物，是因爲它另外還有兩個特徵：一、瓶身由分段拉胚黏接而成。二、瓶上所繪纏枝牡丹紋飾，僅寥寥幾筆，不及元代盛期彩繪的繁密至幾無餘隙。

　　元朝青花爲近年來古董市場之熱門貨。我偏愛元青花，不僅器形穩重大方，繪飾線條和圖案更屬一流，對空白的處理尤爲講究。我曾在蘇富比拍賣會上見過元曲人物庭園罐，畫的是元雜劇中的角色，配以亭閣欄杆，簡直是元代舞臺。據說這類以戲曲爲題材的元青花罐，目前世上僅存十幾個。

　　佳士得拍賣目錄中編號五六〇號的一件青花雲龍紋高足碗，仍屬元末、洪武之物，與一九七〇年在南

佳士得於倫敦拍賣現場

京出土的洪武汪興祖墓高足杯極為近似。兩者同是足部呈竹節型，杯外壁繪有青花雲龍紋，紋飾和前面提到的玉壺春一樣簡單，青花不及一般元青花之濃翠，此時瓷器的原料可能是用國產的鈷土礦，而非中東進口的鈷料，所繪之龍為三爪龍，這些都是洪武青花瓷器的特點。

■獅頭大開口——港幣兩百五十萬元

此次拍賣目錄的封面，是一隻明宣德款青花鳳凰瓶，極為罕見，舉世僅存幾件，極可能是首次出現在拍賣場。鳳凰紋飾早自唐朝金銀器上即可見，但宣德這件以折枝鳳紋為主的瓷器，鳳頭造型圓而且大，葉尖端如針狀，瓶口外壁半蕉葉，均為明初典型紋飾。這件青花瓶行家預估必極搶手，賣價將高過一百八十萬港幣。

明初青花，永樂大盤較為常見，宣德則以碗為多，佳士得拍賣的永樂青花葡萄紋大盤，邊緣有收藏者銘文，此為中東藏家之作法。永樂時期的作品，畫葡萄紋較其他紋飾為少，物以稀為貴，此件瓷器賣價當高過五六五號的番蓮花才是，雖然兩者估價同為一百二十至一百八十萬港幣。

元末常見的雙獸鋪首貼套環耳瓶瓷器，造型來自銅器，以龍泉單色釉最為常見，編號五六八號這件青

花獅頭雙環瓶，斷代爲大約一五〇〇年之物，青花淡雅，應爲成化之平等青，但釉色似無成化官窯之細緻講究，可能是民窯，估價高達兩百五十萬，爲此次瓷器拍賣預估最高價。

黃釉青花盤，從明宣德至嘉靖各朝均有製作，器型與紋飾基本近似，如掩蓋款識，很難鑒定爲何朝之物，但從現存的實物來看，成化所製仍然最爲精美。

佳士得的弘治黃釉青花盤，盤心繪有青花梔子花，周圍以折枝石榴、葡萄、蓮實裝飾，盤外壁繪著纏枝花，爲此次拍賣中的精品之一。

明宣德
青花海水遊龍紋高足盌

■弘治黃釉俏，萬曆青花跌

　　明代的黃釉，黃色嬌嫩如雞油，釉面光亮的屬弘治一朝，被譽爲明代黃釉的典型，這次一隻弘治黃釉碗，估價較正德小盤高出四倍，可見弘治窯燒出的黃釉有多麼名貴。

　　最近大量明末萬曆瓷器從大陸流落海外，造成價錢下跌的現象。編號五七四號之萬曆青花嬰戲盒，紫檀蓋，畫工精緻有趣，但底部有瑕疵，能否賣到十二萬，還是未知數。

　　明青花雙鴛鴦水注，應爲外銷南洋之貿易瓷，它與萬曆青花筆盒同屬文房四寶，據佳士得拍賣官說，公司爲照顧東南亞買家，故將水注列入，但估價偏高。

　　中國瓷器繼明代的高峰，到了康熙、雍正、乾隆三朝，更臻於鼎盛，不僅在景德鎮恢復燒製官窯，官搭民燒的民窯也出現不少有堂名的精美瓷器。

　　清代瓷器，除了繼承明代傳統，胎質細膩少雜質之外，施釉技巧也提高，用釉雖不及明代厚重，但釉色清白純淨，尤以雍正瓷器爲最，如玉般細潤透明。

　　康熙一朝的瓷器，不論品種或造型，最爲多采多姿，不僅發展了明正德的素三彩，開創了琺瑯彩，又在琺瑯彩的基礎上創出了名貴嬌美的粉彩。另外還有以朝中大臣郎廷極命名的郎窯，紅釉之外更有綠色郎

窯，多做爲文房用品的豇豆紅，也始於康熙年間。

器形上除了常見的花瓶、杯盤之外，各種形狀的薰香、攢盒，承繼元明，另有獨創，所謂的「參古今之式，動以新意」。

■雍正畫鶴鬥彩碗──賣場焦點

康熙瓷器結合了工技與藝術，瓷器上的繪畫技巧，已脫離了明代以前的平塗法。康熙的畫工從國畫名家吸取技法，運用到瓷器上。九月底佳士得瓷器拍賣場中的康熙五彩花瓶，即是一幅精采的五老人物畫，是清代瓷器中，康熙特有的故事戲劇畫。

康熙瓷器另一特色是常以書法做裝飾，靑花或釉裡紅筆筒上寫滿了詩詞歌賦。佳士得的靑花筆筒，以館閣體小楷書寫漢代〈聖主得賢臣頌〉，文末並落有「熙朝博古」的釉裡紅篆書章，底部有修補，估價高達二十五萬。而編號六四六號的靑花壽字筆筒，也有破損，估價八至十萬，似嫌太高。

乾隆沿襲康熙的傳統，編號六二七的珊瑚紅小碗外壁就是御題的詩句，上下飾有如意頭紋飾。嘉慶皇帝亦喜以紅筆題詩小盤，周圍飾以綠底紅、藍花卉，這類瓷器一直爲收藏家所珍愛。編號七五〇的嘉慶年間一對眉淸目秀的小盤，詩句和前一件瓷器雷同，估價六至八萬。

雍正雖僅在位十三年，但瓷工藝術達到前所未有的水準，雍正愛瓷如命，親自御批審定官窯器型及圖案，非經許可，不准燒製，可見其重視之程度。

這回一隻雍正墨地綠釉花瓶，瓶身線條優雅，無懈可擊，濃淡有致的畫筆繪出一幅山石水仙花、靈芝的絕佳繪畫，可惜，稍有瑕疵，否則估價必定更高。

雍正仿成化鬥彩，以雞缸杯和「天」字罐最為出色，達到真偽難辨之境。紅釉亮潤、綠彩明澈，較之康熙鬥彩更見華麗。佳士得拍賣的多件雍正鬥彩，以七四一號最為稀罕，八隻青花丹頂鶴飛翔於琺瑯彩的雲彩之間，估價高達四十萬，這隻畫鶴鬥彩碗想必成為熱門焦點。

■臺灣買家偏愛乾隆瓷

審美品味最高的雍正瓷器，仿造宋代名窯，掌握古意神韻，幾達出神入化之境。編號七○五的豆青印龍大盤，典雅秀逸如宋瓷，題款應為雍正統一之前早期之形式，與習見開門見山之款式不同。

清代瓷器到了乾隆，除了沿襲康、雍先朝，人工佛頭青的青花直追明朝永樂。六二二號的青花雙耳扁瓶，仿明造型，如非頸及把手部分有修補，絕不止估價的十五至二十萬。扁瓶之前幾件乾隆青花大瓶，石青亮麗，均為美器，但性喜賣弄之「十全老人」，絕不

滿足於摹古繼承，他不惜工本，將瓷器的品種與製作推向頂峰。編號七四九號一對粉彩鏤空轉頸瓶華麗新奇，比較完整的那隻估價高達一百二十萬，據說這類雕琢複飾的瓷器獨獲臺灣收藏家之青睞，與七九一號藍釉描金八寶紋瓶同屬金光閃豔之器。

乾隆以降，清代瓷器到了嘉慶、同治年間，胎質鬆軟、釉色粗糙，嘉慶開始燒製繪工細膩繁複的薄胎套碗，七四八號一組十隻，以江南風景為主，估價為一百五十萬。八三〇號的同治紫藤花鳥粉彩筆筒，為慈禧太后御用的「大雅齋」款，器底為「永慶長春」常見紅款，估價十六萬著實偏高。三年前，一隻大雅齋魚缸的拍賣價也不過三萬港幣。

（1989・10）

拍賣熱潮中的畫價

　　蘇富比與佳士得兩大拍賣行把中國古畫安排在紐約拍賣，方便買家就近競投。截至目前爲止，美國各大博物館仍是中國古畫的主要收藏家，但他們對清末任伯年、吳昌碩以降至現代的名家作品，仍是不屑一顧。紐約大都會博物館曾經分上、下兩次展出一批捐贈的近代、現代名家之作，但反應冷淡，未受彼邦人士注重。這種現象延續至今，一直到最近，才聽說有美國畫廊舉辦上海老畫家朱屺瞻的畫展，傳統筆墨繪寫的中國畫總算走出華僑圈，開始進軍洋人藝術市場。

■香港藏家淡出，臺灣買家興起

　　蘇富比有鑑於此，取消了紐約近代現代中國繪畫的拍賣，全部移師香港，從八○年開始每年兩次，做得有聲有色。近兩年，佳士得也後來居上，舉辦更大規模的繪畫拍賣。一些本地的小拍賣行認爲有機可乘，亦抓住大拍賣的前後時間，趁機吸引買家撈一筆。

於是，出現從八○年獨家拍賣，到今天一年四次五家大小拍賣公司各領風騷的盛況。北京榮寶齋與香港協聯公司合辦拍賣，日期排在最後，筆者擔心風聞蘇富比大拍賣而特地趕來香江的收藏家、古董畫商，都已走光，榮寶齋二百幅作品哪裡找到買家？結果證實筆者過慮，拍賣場競投之踴躍、賣價之高，出乎意料之外。由此可見中國繪畫價格偏低，在世界性的以收藏藝術品投資的熱潮中，看來仍大有可爲。

隨著九七逼近，本爲拍賣場中主將的香港藏家逐漸淡出，尤以今年（1989）十一月的蘇富比繪畫拍賣爲甚，代之而起的是臺灣買家。這回近兩百幅的近代、現代名家之作，賣了三千萬港幣，臺灣佔了三分之二。張大千的單幅繪畫「松壑飛泉圖」打破紀錄賣了三百萬；傅抱石的「罷阮圖」、「柳蔭紅袖」、徐悲鴻的「竹林仕女圖」等高價作品，皆流入臺灣。

只要臺灣經濟維持不墜，看來除繪畫、玉器外，官窯明清瓷器都將是臺灣買家的天下。

■晚清名家行情續漲

拍賣的名家最早可追溯到清末善畫花卉的張熊（1803～1886），最近則爲現代中年畫家，相距一世紀之譜。

被譽爲晚清畫苑第一家的虛谷，擅用枯筆偏鋒繪

寫瓜菓翎毛、蟲魚，乾筆皴法風格突出，用筆含蓄耐看，格調極高。

虛谷畫價昂貴，以金魚、毛茸茸的松鼠最爲藏家所喜：二十萬港幣買他一把金魚扇子，九十萬巨款才能換到他去世前兩年所作的松鼠精品。虛谷遺作稀罕，僞造者多，惟貌似神離，像虛谷這樣畫風獨具的大家，不易仿其神魂。

清末名家中，任伯年筆墨充滿時代生活氣息，構圖富創意，爲近代畫史上重要畫家。論者認爲任伯年的花鳥畫從寫生出發，其成就超過人物畫，但對清末畫壇影響，他的人物畫卻超過花鳥畫。

拍賣中常見的任伯年畫作，水準參差不齊，不少署名任伯年的劣畫應該出自學生倪田之手。任氏晚年亦由女兒代筆，眞僞或優劣造成畫價的懸殊。拍賣展覽除長軸、扇面之外，更見冊頁。前年一本十二開的小冊頁，原出名人收藏，臺北《藝術家》雜誌曾登載介紹，以六十六萬賣出，可能爲任伯年畫價最高紀錄。

任伯年才氣遠遠凌駕於老師任熊、任薰之上，畫作同時出現拍賣場，索價有天地之別。青出於藍而勝於藍的實例，早在三人仍在世時即已存在，任薰眼見徒弟畫扇揚名上海，供不應求，自己也從蘇州趕往效顰，結果老師之作不僅問津者少，得價更低，氣得任薰把硯臺丟到黃浦江去洩恨。

蘇富比拍賣一幅任伯年作於四十二歲的「輕舟松

澗」大畫，松樹叢中有一溪流，輕舟被左角竄起的兩株松樹隔成兩半，船前面對而坐的男女，女的石青團扇半遮臉，男人逍遙吹簫弄樂，船後立著搖槳的舟子。此傑作以枝幹分隔空間，構圖大膽創新，賣得近六十萬港幣。

■吳昌碩、齊白石賣價倍增

曾讓任伯年三次繪像的吳昌碩（1844～1927），浙江安吉人，善書法、篆刻，三十多歲才開始畫畫。吳昌碩融合八大山人、徐渭、石濤各家之長，又將他的書法、篆刻運用於繪畫中，自成渾厚富金石味之畫風，用色尤為一絕，喜在衝突中取得協調。

拍賣場中最常見吳昌碩的花卉、葡萄、紫藤、荷花或雜卉，望之精神躍然、氣勢磅礴。吳昌碩畫桃，至今無人超越。花卉價格等閒幾十萬港幣，他的石鼓字在畫家中出類拔萃，山水、人物因稀罕，要價更高。

吳昌碩生前作畫極勤，中年當過自稱「寒酸尉」的小官，一個月便辭去，以後長住在上海以賣畫為生，被譽為中國文人畫最後一人，活到八十三歲才去世。今年五月蘇富比拍賣一收藏家整批四十四件繪畫，早年購自吳昌碩弟子王震，其中吳昌碩作品二十幾件，一幅仿周臣山水以近六十萬賣出，一九○三年作的花石四屏超過百萬。

近代畫壇奇才齊白石（1864～1957），生前軼事不勝枚舉。這位出身湖南湘潭農家以雕花木匠為業的一代奇人，小時跟著祖父用松枝在地上練字、勾勒人臉，二十七歲才開始真正畫畫，陳師曾建議他放棄工筆改畫寫意。齊白石開創了紅花墨葉的花卉畫法，為寫意畫跨出了一大步。

齊白石的題材植根於生活，傳統繪畫從不入畫的農具，如鋤頭、鐵鍬、雞籠，由他順手拈來，畫面散發泥土的氣息。在藝術為政治服務的五○年代，他的繪畫是唯一被認可展覽的。

活過了九十三歲的齊白石，精力過人，繪畫不輟，「筆如農器忙」。過去臺灣賣他的蝦、小雞，都是照隻數，隨著拍賣市場的活躍，畫價數年內暴漲幾倍，除了為人熟悉的紅花墨葉、草蟲魚蝦，開始出現了齊白石的山水和人物畫。

以藝術獨創性而言，齊白石山水畫的成就絕不在花卉草蟲之下。他的人物畫除取吉祥之意的壽星一類之外，不乏諷刺時弊的幽默作品，如「不倒翁」等。在物以稀為貴的心理作祟下，白石老人一幅「紅線盜盒」仕女畫，是極早期之作，構圖筆墨均極傳統，連題跋書法亦與他為人熟悉之刀削筆鋒截然不同，毫無個人面貌，仍以近二十萬港幣賣出。

齊白石的假畫充斥，拍賣行明文不保證畫之真偽，有次更將已印成目錄的冊頁臨時抽下，反映出收

畫的專家在鑒定齊白石作品時都出過紕漏。饒是這樣，喜愛白石老人樸素、生氣盈然的寫意者仍前仆後繼，喊價愈叫愈高。五月一場拍賣，齊白石畫作多達二十幾件，有三件相同題材的紫藤，以為太過重複，賣價不可能理想，結果幾乎全部以估價三倍以上賣出。一幅長二四八公分之紫藤巨作，估價二十萬，以超出六倍刷新白石老人的畫價。

■嶺南畫也有臺灣買家

　　香港本為廣東人天下。從工筆花鳥的清末廣東名家居廉，到嶺南派三傑的高劍父、高奇峰、陳樹人，直到現在仍活躍香港畫壇的趙少昂、楊善深，色彩艷麗題材創新而帶東洋風的嶺南派繪畫，基於愛鄉情緒，為本地收藏家、博物館爭相競投。

　　嶺南派中的佼佼者高奇峰，在藝術上、畫價上均遙遙領先，如老鷹等禽鳥或野獸大畫，每每賣得數十萬港幣高價。一張作於一九二四年的「梅月圖」，畫出皓月懸枝、梅花似雪的意境，題材異於較常見的禽鳥動物，打破了畫家自己的紀錄，以七十萬元賣出，但買主並非以往的廣東人，而是彼岸的臺灣客。

　　關良、林風眠、丁衍庸同為廣東梅縣人，俱在畫壇享盛名。三人當中年紀最大的是關良（1899～1986），從日本學油畫歸國，開始了京戲人物畫的探

索，創出一己的風格。可惜他筆下神情、意趣獨具，而又頗耐細賞的人物畫，卻不受收藏家喜愛。各拍賣行每次也只以一幅關良作品作為點綴，而且價格極低，令喜歡關良者傷神。

比較起來，小關良一歲的林風眠便幸運得多了，不僅在九十高齡仍作畫不輟，而且在中國畫壇上影響深遠。這次蘇富比拍賣有十幅高價精品，其中唯一在生畫家卻是近年畫名大起的吳冠中，他的「蘇州網師園」賣得近六十萬，而非他的老師林風眠，原因可能是林氏這次六幅作品並非罕見精品。未能賣出的作品「釘在十字架的耶穌」，六○年代作品，色調暗鬱，用表現主義技法，是西方畫家永恆的主題，與林風眠針對「六四」屠殺的近作，同具悲劇性。這幅耶穌受難圖由巴西輾轉拿到香港拍賣，從十萬港幣開始叫價，居然全場買家無人舉手。這種現象反映了一個事實：收藏者的品味似乎仍舊停留在追求賞心悅目、抒情的審美觀；立意將中、西藝術精髓融於一爐的林風眠，這類西方式的題材便不被買家看好了。上一次的拍賣，他的「荷塘」喊過四十萬。近年林風眠的畫價大起，八年前他的一幅早年畫的雄雞才得六千，寫生的魚賣一萬多港幣。如今，一幅彈古琴仕女，題材討好，打破了紀錄，超過五十萬港幣。

丁衍庸（1902～1978）早年留學日本，所作油畫受野獸派馬蒂斯影響，後從西畫轉向中國傳統水墨，久

居香港授徒。他生前頗不得意，畫中每以八大之鳥冷眼瞪人，一副憤世嫉俗懷才不遇的激憤自比。丁氏於十年前在此潦倒去世，遺作無數，學生藏有丁師所贈畫作多者以百計。

筆者於丁氏去世前一年移居香港，每以區區幾百元港幣購得丁衍庸作品。自拍賣行開始出現丁氏的蘭草花卉人物，行情看漲，但因去世未久，遺作太多，需要經過一段去蕪存菁的淘汰過程，是故他的畫價高低極不穩定。

■高價投購徐悲鴻畫作

近代繪畫史上，影響最大也最富爭議性的畫家首推徐悲鴻（1895～1953）。徐氏獨尊寫實，影響極大，文革之後，此一見解引起大陸藝術界的反思，是個可喜的現象。

抗日期間，徐悲鴻以「放下你的鞭子」、「奚我后」、「田橫五百士」等巨幅油畫來激勵國人抗日之決心。但他的改良國畫，卻只得西洋畫的形似，失去中國筆墨韻味意境。這位被國人寵愛過譽的畫家，他的公雞、懶貓立於無筆無墨危危欲墜的岩石上，卻屢獲高價；他的結構不一定正確的無數奔馬，更能維持數十萬的高價。一九四三年根據巴黎博物館所藏的自畫像，「情不自禁再寫」的巨幅水墨畫，畫家立於巨樹下

沉吟天地之永恆，賣得百萬港幣。一幅「竹林仕女圖」畫杜甫「天寒翠袖」詩意，此一仕女畫亦獲百萬，爲臺灣藏家購得。

■南張北溥

　　畫壇中爲人熟悉也懷念的張大千（1899～1983），舉凡工筆、寫意，仕女、花卉、山水、禽鳥無所不能，爲近代畫壇罕見之多面畫家。大千居士的作品，從早、中、晚期均常見於拍賣場中。八二年蘇富比目錄封面「仿周文矩文會圖」，張大千的代理人在電視上公開指出此爲僞作，引起軒然大波。

　　張大千的畫作最賣得起價的，是他六〇年代後氣勢淋漓的潑墨山水。作於八二年的「桃園圖」丈二青綠潑墨巨作，山腳下桃花盛開，一戴斗笠漁翁駕舟欲往桃花源。此作靈感來自摩耶精舍過年梅花盛開。「桃園圖」得一百八十七萬港幣，刷新當年蘇富比紀錄。最近更上層樓，大千先生晚年潑墨山水畫「松壑飛泉圖」巨作，首被臺灣、大陸幾家出版社著錄，創單幅繪畫之紀錄——三百萬港幣，爲臺灣買家購去。五〇年大千印度所見舞女繪花白裙如浪翻飛的「寂鄉舞」，亦獲近百萬。

　　擅詩、書、畫的舊王孫溥心畬（1904～1965），大陸變色後，挾著南張（張大千）北溥的名聲，離開北

京，直至一九六三年在臺灣去世。溥氏生前作畫極勤，留下作品甚多。他畫風秀逸脫俗，不沾人間煙火，是為典型文人畫。

八一年溥心畬遺作在香港藝術中心大規模展出，作品大都來自在臺後人，標價令收藏家卻步。以後大陸榮寶齋、朵雲軒多次在港舉辦畫展，溥心畬早期作品時有所見，價格只在幾千港幣之譜。

蘇富比、佳士得拍賣他的畫作，每以山水或人物微型長卷得出較高價格。沉寂多年，隨著臺灣買家湧入繪畫市場，溥心畬畫價暴漲。一幅從小拍賣行拿到蘇富比的「雪山寒居圖」，一九三八年之作，去年五月高出估價四倍賣出；另幅長軸「溪山雪跡圖」，四八年之作，皚皚白雪，文士屋中長談，高價十五萬。

到最近的一次拍賣，溥心畬更上一層樓。設色巨幅「竹林七賢圖」，一片幽篁，七位雅士散聚溪邊、或彈古琴或閒談、倚立，古畫中的境界，西山逸士一貫秀雅悠適的風情，估價八至十萬，以五十五萬拍出。此作上有畫家大段楷書題字。溥氏自認藝術成就應照詩、書、畫順序下排，但他的畫名在生時已掩蓋詩、書。溥心畬雖出身皇家，但自幼臨遍魏晉以下碑帖，及長又曾在西山閉戶讀書二十年，詩、書皆精絕，值得用心細賞。

■畫價紀錄保持者——傅抱石

　　香港繪畫拍賣已臻至第九個年頭，傅抱石的畫價首先打破紀錄。一九八〇年「湘夫人」出現於蘇富比首次在港的拍賣中，此立軸為傅抱石受倫敦華人劇作家熊式一之託所繪，時為一九六〇年。畫家取屈原九歌中之〈湘夫人〉首四句：「帝子降兮北渚，目眇眇兮愁予。裊裊兮秋風，洞庭波兮木葉下。」繪出湘夫人降臨洞庭湖，凝眸側立，黃葉飄拂，一派秋景。此作估價八萬，以二十萬港幣賣出，在畫價普遍低廉的九年前，令人咋舌。

　　傅氏生前嗜好杯中物，最終以酒殉身，死於藝事盛年的六十二歲，誠為中國畫壇之憾事。儘管早逝，傅抱石留下質與量均相當可觀的佳作，無論是遠師陳洪綬人物傳神妙法的人物畫，或是醉酒潑墨狂筆飛舞的山水，畫價均能維持穩定不墜，遙遙領先。展賣中最常見的是他抗戰時（1936～1946）於重慶樂山金剛坡所畫之作，畫上每署居處「抱石山齋」，重慶十年為他藝術發展的重要時期。

　　大陸變色，傅抱石才五十三歲。身處革命情緒熱火朝天的紅朝，不能免俗地加入李可染、錢松喦、石魯等行列歌頌「江山如此多嬌」，誠心誠意的以畫筆展現毛澤東詩詞。這種以繪畫來表現政治內涵的趨勢，

名之謂「紅色山水」。

　　傅氏去世前四年，在寫給友人的信中指出「思想變了，筆墨就不能不變」。他自責生在毛澤東時代，難道還能留戀那古道、夕陽、昏鴉嗎？他自比爲「從舊社會過來正處在改造過程中的知識分子」，強調筆墨技法不得不變之必要性。

　　後人應該慶幸傅抱石的改造並不成功，這得拜畫家鑽研石濤筆墨有所得，修養品味高雅之賜，即使思想再進步，也一時擺脫不了深厚的傳統。

　　毛澤東懷念第一任妻子楊開慧曾有〈蝶戀花〉一詞，結尾兩句爲：「忽報人間曾伏虎，淚飛頓作傾盆雨。」紅朝畫家處理起來時，每每把重點放在象徵舊社會的惡虎被去除，人海歡騰，邁向人民英雄紀念碑的壯烈場面。但同樣兩句詞，傅抱石的處理仍是一貫的詩意唯美，紅帶飄飄的嫦娥（楊開慧），從雲端下望，感動惡虎已降，淚水化作傾盆大雨，落下紅旗遍山的畫面一角。印象中，中國畫的雪景時有所見，但雨景似不多見。這幅中共紅朝應珍藏的畫，不知何以流落到香港的拍賣市場，以六十六萬港幣賣出。

　　傅抱石一直是中國近代傳統中國畫價的紀錄保持人，從最早的「湘夫人」到八四年一套冊頁得價近兩百萬；今年佳士得又以三百三十萬港幣拍出一套仕女冊頁。

■中國的梵谷──石魯

　　原籍四川的石魯（1919～1982），因崇拜石濤、魯迅而改名石魯，他的一生道盡了中共政權下知識分子的滄桑悲哀。五九年所繪「轉戰陝北」，是受毛澤東詩句「蒼山如海，殘陽如血」所啓發。畫史上將寸草不生的黃土高原入畫，石魯是第一位。畫中一人身著黑色衣褲、立於高崖之頂的正是毛澤東。石魯的赤膽忠心，在文革期間換得野怪亂黑、侮辱領袖的罪名，從

石魯
高山仰止　設色紙本
1959作　45～55萬港幣

紅朝活躍畫家被打入牛鬼蛇神黑畫家的行列。

　　石魯早年做版畫、油畫，六○年代融合詩、詞、書、畫、印，創出自己的風格，為長安畫派創始者。他題材廣泛，舉凡人物速寫、花卉、山水、動物無所不能，而且每幅構圖均有新意。對中共徹底失望後，石魯每以「人醒花如夢」的花卉自比，自題「雪中遒勁受清風」的竹子，以及他最為人稱道的荷花，無不影射自己的心情。

　　石魯晚年神經失常，為家人所不容。文友阿城曾在西安與他交往，眼看他與雞鴨同住，更把自己的筆墨喻為尿跡，種種失常行徑使美國一畫商冠他以「中國梵谷」的美譽。這位美國人在文革後從榮寶齋倉庫「發現」了石魯，介紹到拍賣市場，行情大漲，可惜石魯無福消受。

　　半生坎坷、畫意奪人魂魄的石魯，堪稱畫壇上光芒四射的黑馬，說他為中國水墨畫打開另一個新的窗口，堪稱世界級畫家應不為過。他的花卉、山水就是一幅幅不朽的現代抽象作品，又是中國的，又是現代的，又是世界的。

　　石魯的知音中外皆有，一幅抽象的「峨嵋積雪圖」得近一百八十萬港幣。石魯地下有知，不知是否仍只稱它為尿跡?!

■九七之前香港仍是重鎮

留學法國的吳冠中，自稱「深山老農」，不辭辛苦寫生作畫，令筆者嘆服。他以線與點所呈現的自然山川、白牆黑瓦的江南水鄉，令人眼前一亮。全世界十數個博物館展過的「高昌故址」以近兩百萬港幣賣出，為在生畫家最高價，掀起一片熱潮。

據拍賣行統計，中國繪畫買家以中國人佔絕大多數，洋人涉足拍賣仍佔極少數。而臺灣買家大批湧入，造成了這一年半來畫價飛漲無數倍，名家巨作行情看漲，但一些中年畫家之作因不為臺灣人所熟悉，比較起來相當冷寂。

臺灣畫家入蘇富比、佳士得拍賣行的，有陳其寬、余承堯、何懷碩、江兆申、李義弘等，早幾年臺靜農的行草書法亦出現拍賣場。上述諸家之畫價，無法與齊白石、石魯相較，但亦相當可觀。

記憶中，臺灣名家作品在拍賣場中從未引起真偽難辨之現象。但大陸畫家，已去世者撲朔迷離在所難免，在世畫家如朱屺瞻、程十髮等也時有因假畫而臨時抽下之事實。北京榮寶齋在香港分店有鑑於此，打出保證真品的口號，保護買家權益，開風氣之先。但蘇富比、佳士得似無響應之意，因偽造假畫的傳統，中國自古即有，真假雜陳，買家仍須自行判斷。

預計九〇年代的藝術市場將進入高峰，世界級的大企業將不比資產多寡，而以擁有多少梵谷、畢卡索爲榮，這從倫敦、紐約西洋繪畫的拍賣可看出端倪。中國繪畫市場亦方興未艾，九七年以前香港應仍爲集散之地。臺灣法令曖昧，怪政策多，官方對大陸在世及去世畫家之諸般限制已成爲國際笑談，且海關稅法條令複雜。也許香港自由港大限到了之時，整個拍賣場可能移師新加坡。

（1989）

作者註：本文所述之畫價俱以各拍賣行之成交價格爲憑。

名畫拍賣大手筆

　　三月（1990）下旬剛結束的佳士得拍賣，瓷器的目錄封面是一隻五英寸半的明朝成化青花花卉宮碗。展覽期間鎖在專櫃裡，如欲觀賞，必先預約，由保安人員開啓玻璃櫃重鎖，佳士得工作人員一旁監督。觀者小心翼翼雙手捧起這隻現在價值連城、成化年間想來是宮中裝麵條的碗。

　　筆者撫摸那如脂似乳、瑩潔可人、近乎透明的白釉，不忍離手。碗的內外繪有纏枝錦葵，青料淡靜幽雅，成化皇帝完美主義的品味，配合明中葉工藝的發展，燒出這件無懈可擊的極品。

■清官窯拉出長紅

　　經過熱烈的競投，這件估價五百至七百萬港幣的青花碗，被一位不願透露姓名的神祕人物以一千零四十五萬港幣投得。

　　清雍正皇帝愛瓷如命，自繪圖飾並親手御批審定官窯器的圖案、器型，方可燒製。這次一件雍正黃地

青花瓶，估價一百五十至兩百萬港幣，最後以五百五十萬賣出。

另一件也是雍正的青花九龍紋天球瓶，以五百十七萬拍板，打破清朝青花瓷器拍賣世界紀錄。反而是筆者喜愛罕見的元八角梨型青花瓶，才值一百一十萬，較幾年前買家不屑一顧的雍正天青釉扁壺便宜幾至一半。六七二號清嘉慶粉彩人物山水尊，三四年前僅值幾萬港幣，這回爆出冷門，賣了一百二十一萬，反映出清朝官窯瓷器行情暴漲，勢不可當。

翡翠古董倒沒出現去年十一月蘇富比拍賣的瘋狂現象，可能與精品不多，及臺灣買家不及去年踴躍有關。

這一次，十九和二十世紀中國名家字畫拍賣多達三百六十八件，兩本厚厚的目錄，數量空前，估計總成交量為五千萬港幣。筆者從酒會那晚至拍賣前一天，穿行畫叢中，大致看過一遍，但堆積成山的冊頁、長卷則不敢說全部展閱，遺珠在所難免。

光是齊白石一家，就有三十八件作品，從他三十七歲與陳衡恪、金城分別繪製的水墨蜻蜓、蝦屏風，到他九十七歲的雁來紅，簡直可單獨開個齊白石回顧展。

巡視他一生不同時期的花卉、草蟲、山水人物之作，三四六號畫了網中之蜘蛛與左上角的蜜蜂對峙，也只有白石老人才敢作如此簡單大膽之構圖，以超出

底價一倍，被有識者買去。

■齊白石美麗的錯誤

　　最後我在齊老寫於九十七歲臨終前的「雁來紅」前駐足，白石老人氣衰力竭，加上眼力模糊，誤把筆下的雁來紅當荷花，用墨點蓮蓬，恰似變體郵票，尤其值得珍藏。

　　然而，齊白石在去年蘇富比拍賣所捲起的紫藤雄風，此次卻後繼無力。一幅特別指明給贈此間一位著名古董女外商的紫藤，估價三十五至四十萬，卻沒能賣出。回想蘇富比那幅高出估價六倍的紫藤巨作，以一百二十萬港幣成交，著實難以理解。

　　一〇〇號的「松梅喜鵲」，是長達三〇二公分的巨作，松枝垂下，老梅紅花盛開，枝頭喜鵲展喉。這幅意境、構圖不甚高妙，但以長取勝的花鳥長軸，估價八十至一百二十萬，為此次拍賣焦點之一，但只以八十二萬五千港幣賣出，這是白石老人九十歲的作品。

　　簡筆山水畫的精品，二三〇號的「風帆萬里」，下面三兩間黑瓦農舍，水中佇立兩塊岩石，左上角半露兩條小船，其餘盡是水紋，如此大膽創新之山水畫，亦僅得四十六萬港幣。

　　總算有行家識貨，一三〇號一本畫於冷金箋的冊頁，十二頁山水、人物、佛像、動物，畫工精絕美絕，

名畫拍賣大手筆

055

白石老人自題極罕有之作，估價六十至八十萬，以一百三十萬賣出，應該是打破齊白石冊頁的紀錄了。

張大千亦有二十七件作品之多。寫意、潑墨、山水、仕女無所不包，一九六三年的淡墨沒骨荷花，大千爲友人之妻五十歲生日而畫，與早一年的山水巨幅「大屋山登高」均在香港所作，後者畫贈其夫，兩張畫賣得一百六十萬港幣。

一五〇號的「秋景山水」，一九六七年之潑墨巨畫，筆觸意境遠較去年打破單幅繪畫紀錄的晚年之作「松壑飛泉」柔和幽靜，是幅以氣氛取勝之作，右下角一方「心一」的章，該是張大千之子的鑒定章，裱工是日本的，以一百二十萬港幣賣出。

■吳昌碩花果絕品

張大千之後，吳昌碩有二十二件，量屬第三位。早幾年畫價普遍偏低時，唯獨吳昌碩（1844～1927）金石味重的花卉每能賣得高價。最近其他畫家後來居上，使這位書法、篆刻與繪畫齊名的最後一位文人畫家沉寂了下來。此次三〇四號的書法，臨散氏盤銘，題老缶，才得一萬四千港幣，三五〇號氣勢磅礡的山水「松雲覓句」水墨精品，得二十二萬元，其餘多幅拍不到底價，乏人問津。

然而，一八〇號吳昌碩十二張花果冊頁，卻是此

吳昌碩
達摩　設色紙本　立軸
1915作　王震題簽　賣22萬港幣

次拍賣作品中，筆者評價最高的精采傑作，爲一九一
五年吳氏畫給上海名家商笙伯，慰酬知己之作，不同
凡響。這本冊頁曾爲上海百歲老畫家朱屺瞻所收藏，
朱老寫竹，猶受吳昌碩影響，翻閱冊頁，朱老師承，
宛然可見。

　　這本精絕冊頁，估價七十至九十萬港幣，以一百
三十二萬賣出，打破畫家自己紀錄。筆者如非阮囊羞
澀，這件人間絕品非我莫屬。

　　西山逸士溥儒，十八幅作品，排名第四。五○號
「三寶佛」，爲賀李墨巢居士六十生日而畫，工整小楷
抄寫佛經，一片誠心，得四十四萬。

三一五號設色貝葉的「十八羅漢」，一頁畫配一頁字，最後題名「三寶弟子」，應與三寶佛同期，為溥氏去臺灣前所作，得三十萬。

■吳冠中油畫價驚人

在世畫家畫價紀錄的維持者吳冠中先生，去年以一幅「高昌遺址」，賣得近兩百萬港幣，此次佳士得乘勝追擊，十七幅作品，趁吳冠中來港之便，親自審閱，抽出三二七號的「水崖」橫幅。兩大拍賣行為了求真，在世畫家作品，拍賣前大都會將照片拿去求教畫家本人，如發現疑問，立即抽下不賣。已故畫家之作，如偽作充斥的齊白石、石魯等，亦經其子女鑒定。石魯之子石果更在其父真跡蓋章，以為保證，與前述張大千之子心一亦不謀而合。

吳冠中近二十幅之作，僅一幅不對，殊為難得。此次拍賣作品，分水墨及油畫兩大類，價格均極不俗，題材包涵廣泛，由常見的黑瓦白牆江南水鄉、青魚、花卉，到他獨創一格的點與線勾勒的抽象風景畫。

特別值得一提的是吳冠中的油畫，雖多小幅，而且比他曲線勾勒的山水要具象寫實，但都獲驚人高價。一五三號的「灕江新篁」，一九七二年所作，參加過新加坡、香港畫展：這幅畫以藍綠為主調，竹篁占了畫面三分之二，兩隻小船橫擺，氣氛幽靜，估價十

五至十八萬港幣，以四十四萬賣出。

二一九號的「山城」，一九七八年畫，山巒腳下圍抱屋舍，爲寫生之作，應該是重慶山城，賣得二十八萬六千。三二九號的「巴黎蒙馬特景色」，八九年之作，筆者讀過吳先生重遊花都的遊記，這幅作品舊地寫生之作，取蒙馬特街景之米白建築小幅油畫，曾爲東京西武畫廊的「吳冠中：懷念巴黎」畫展目錄封面，估價十八至二十二萬，以九十五萬敲槌，加百分之十佣金，超過一百萬，令人咋舌。

水墨、油畫之外，三一八號的「灕江晚渡」爲水粉紙本，七七年所作，又是另一種嘗試。

■石魯跌破專家眼鏡

數量與吳冠中同爲十七幅的石魯，此次拍賣價格令人大跌眼鏡。這位現代畫壇的黑馬，多年來馳騁拍賣場中，每令觀者眼前一亮，神爲之奪。此次十七幅六〇和七〇年代之作，題材從小雞對語、葵蔭道中挑籃黑衣女、西藏喇嘛、花卉、山水、書法無所不包。三〇號的十二開花卉果品冊頁，首幅幽澗秋石黃葉，前所未見，估價五十至七十萬，只賣四十九萬五千，其餘作品均未及最低估價。二八六號之四季圖，不知買家是否不贊同石魯以蘭、荷、石榴、紅梅爲四季花卉，估價十五至二十萬，拍出六萬五，當然沒賣。

三三四號的百合花小幅，尤爲淒慘，不及三萬。六〇號的「華山一支峰」，得六十六萬，爲這次拍賣石魯之作最高價，較之幾年前以一百八十萬拍出的「峨嵋積雪圖」，此次僅得三分之一，不可思議。

二八〇號的「黃河岸邊」，七一年畫家憶寫黃河岸邊所見，遠村與篷船隔著山相對，此畫曾於七九年出現於美協展覽之目錄，估價七十至八十萬，以五十二萬敲槌，當然沒賣出。拍賣行爲求眞跡，除找畫家或子女看過再行拍賣之外，另一求眞方式即是作品最好展覽過或出版過，以之證明，萬無一失。

石魯潦倒以終，他的學生在西安僞造老師之作，假畫充斥，令收藏者卻步，故需此舉。

■徐悲鴻愛用糊窗紙

今年是馬年，佳士得以徐悲鴻的一幅「天馬行空」飛馬做爲字畫第一本目錄的封面。這幅馬是畫家於民國三十七年（1948）大暑在北平畫的，贈給當時廣東將軍鄧龍光，估價四十至五十萬，以八十二萬賣出。

徐悲鴻的馬仿造者多，裱畫師傅每以紙張及印泥來輔助鑒定眞假。早期徐氏畫馬，喜用北平人糊窗的羅紋紙，所用印泥紅豔，但仿者紙張不對、且圖章多半暈淡。齊白石題徐氏之馬「淡墨點睛，一筆出耳」應爲特徵。

徐悲鴻十四幅作品，以奔馬爲主，二七〇號的「八喜圖」，重慶時所作，八隻喜鵲棲於黃葉枝上，顧盼之間頗爲關情，被喜愛徐氏藝術者品爲傑作，以七十一萬五千港幣賣出。

徐悲鴻
獅蛇之會　設色紙本
立軸　1938作
20～25萬港幣

■黃賓虹八十成大家

　　筆者初次比較全面地接觸黃賓虹的藝術，還是八〇年任職的香港藝術中心與港大藝術系合辦「黃賓虹作品展」，當時港大藝術系主任莊申先生指導學生編

出黃氏一生事蹟年表，細列畫家一生畫蹟，爲研究者提供線索，誠屬創舉。

黃賓虹（1864～1955）原籍安徽歙縣，取故鄉潭渡村的名勝「濱虹亭」自號濱虹，後到上海才改爲賓虹。六歲開始塗鴉，摹寫沈周的山水畫冊，九十二歲去世；當中八十八年幾乎每日畫畫不輟，遺下爲數可觀的作品。黃賓虹創作可分三個時期：從幼年至五十多歲的臨摹古畫期，五十多歲至七十多歲漫遊大江南北師造化的寫生期，八十歲至去世爲創作個人風格之重要時期。

幸虧黃賓虹命長，等得到八十變法，如果五六十歲去世，後人將無緣欣賞黃氏個人面貌最顯著的晚年之作。

黃賓虹八十五歲應杭州藝專之聘，住棲霞嶺終老，黃氏八十八歲還到孤山寫生，隔年白內障遮去視力，仍寫畫不輟，不用眼看，用心畫畫，達到亂中不亂、無法中有法的境界。

總算拍賣場中有懂藝術而多金者，三五八號巨幅山水「浮嵐暖翠」，達到畫家追求的草木華滋山川渾厚，去世前十年所作，估價十二至十五萬，得四十一萬八千。

杭州棲霞嶺黃賓虹故居，現改爲紀念室，展品中一幅墨氣很重、黑中透亮的山水，令我佇立細觀良久。李可染（1907～1989）早年拜黃賓虹爲師，從他學得積

墨法，重墨作畫，在墨中求層次，表現山中渾然之氣，李可染的黑山技法，簡直就是脫胎自這幅黃賓虹墨氣很重的作品。

但這樣論定李可染並不公平，一九五四年後，他先後十次跋山涉水行數萬里路，對景寫生，爲祖國山河立傳。如此深入生活，使李可染對自然細心觀察另有發現，組織出一套新的技法規律，又揉和他早年杭州藝專的西洋繪畫，實踐到他的革新中國畫來，交錯使用虛實、黑白、遠近、光暗，創出「黑中透明、暗中顯亮」的嶄新技法。

■宋元以來第一人

李可染別出心裁，捨黃賓虹線條皴染的墨氣，而以塊面的黑墨來表現山水的雄偉凝歛，氣勢爲其師所不及，而且更富時代感。

黃賓虹曾預言，五十年後，他的作品才會被欣賞。黃賓虹無需等上半個世紀，他那筆墨獨步古今，兼有章法的大家之作，渾厚華滋的山水畫，早已被譽爲宋元以來最偉大的畫家之一，評者把他與西方印象派的塞尙並論，同是總結中、西古典畫傳統的巨匠。

由於黃氏作畫極勤，傳世之作極多，光是浙江博物館就存有幾百幅沒簽名的眞跡。拍賣場中，他的山水畫與晚年金石入畫，寫花卉如寫籀篆的著色花卉均

時有所見。在物以稀為貴的心理作祟下，黃賓虹畫價始終偏低，加上外行人以為他的題材千篇一律，晚期又漆黑一團，缺乏裝飾性，直到一九八七年一套山水八開冊頁精品，才以十六萬五千打破悶局。

一向以為黃賓虹、潘天壽兩家藝術不為臺灣藏家所青睞，這一現象為去年十一月的蘇富比拍賣改寫了。一幅黃氏九十二歲為劇作家熊式一所畫的仿范寬山水，曾在《藝術家》雜誌刊登，估價六至八萬，以三十萬港幣賣出。另外一九三八年畫的長卷山水，題名賓虹散人，估十至十二萬，以四十八萬拍出，打破黃賓虹畫價，兩幅買家均為臺灣客。

這回佳士得十一幅山水，分別以桂林、七星巖、天目山水、黃山村麓寫生默記之作，最低價僅得四萬多元，一三二號「西湖棲霞嶺下舊有桃花溪」，九十歲之作，陸儼少題「賓虹晚年得墨法之妙」，才得八萬元。

一六三號少見「雪景」精品，宋曉峰晴雪黃山一角，亦賣不到十萬元，實在不可思議。三二三號水墨八開冊頁，只蓋章無簽名，潘天壽於文革發生前題「雲疏煙寒」，也才賣得十六萬五千元。

■李可染山水價更高

拍賣場中李可染作品以牧童與牛比較常見，山水寫生之作每能獲高價。此次佳士得七幅作品，除七九

年寫的書法錄李白三峽詩句之外，「雨餘山」及三四二號的「黃山煙霞」爲中期寫生之作，一五二號的「江山勝覽」及三四八號的「清灘風光圖」，均畫於七○年代，分別賣得二十萬、三十三萬不俗之價。

李可染謙虛勤奮，七十歲高齡猶刻「白髮學童」之印自勉，一代大師卻於去年十二月被文化官員因賣畫追稅恐嚇去世。畫家屍骨未寒，五五號「煙江夕照」巨幅山水，以一百一十萬驚人高價賣出，李老地下有知，理當欣慰。

這幅一九八七年夏北戴河之作，回北平秋後在詩堂上題「看似三峽，不是三峽，胸中丘壑，筆底煙霞」，重疊山峰在夕陽之下，呈現一片暗淡的輝煌，詩意氛圍，韻味十足，臻至化境。

■趙之謙書畫篆三絕

佳士得字畫第二本目錄封面，印的是趙之謙的牡丹花卉。影響十九世紀畫壇的趙之謙（1829～1884），以篆刻、書法聞名，浙江紹興人，他的篆刻突破秦、漢印章的規範，從古錢幣、鏡銘及碑版篆字入印。印章古勁渾厚，書法最初寫顏真卿，後來悟得書畫合一之旨，篆書師法鄧石如，以魏碑筆勢寫行書，創出一己面目。

趙之謙繪畫，傳世不多，以花卉爲主，揉合徐渭、

原濟、李鱓，開清末寫意花卉的新風氣。佳士得三〇〇號的花卉四屏，梅花、桂樹、紫藤、牡丹設色濃豔、用筆厚重，其中紫藤一畫註明臨揚州八怪之一的李鱓，每幅右下角印有一收藏章「曾經錢君匋珍獲」。

■五斤黃酒慶佳話

現年八五高齡的上海篆刻、書法家錢君匋，年輕時曾學趙之謙的篆印，為了收藏一百五十方趙之印，錢君匋不顧五寸厚的積雪，趕到天津，成交後喝了五斤黃酒慶祝。

筆者曾在浙江桐鄉的「君匋藝術院」觀賞趙之謙氣勢萬丈的丈二書法，但不知這四幅曾為錢君匋擁有的花卉，為何流落拍賣場，物換星移，人世滄桑，莫過於此。

趙之謙這四幅花卉代表作，估價打破紀錄，高達三百二十萬，結果以三百五十二萬成交，刷新傅抱石「九張機仕女冊頁」的紀錄。

近兩年來，臺灣買家湧入拍賣市場，刺激字畫價錢暴漲，展賣場中耳語的，盡是傳奇祕聞；一二〇號的嶺南派高奇峰晚年代表作「松鶴延年」，某人以區區兩萬港幣購得，收藏多年後以超過一百萬港幣賣出，大喜過望。

一六〇號潘天壽的「飛帆千片」，三十一歲的早期長軸山水，某人以數十萬巨金從潘天壽老家購得，交拍賣以求巨額回報。

一生致力於美術教育的潘天壽，無暇作畫，作品又曾於抗戰及文革兩次嚴重損毀，存世僅有六七百幅眞跡，現代名家中作品屬他最爲罕見。結果這幅自題「三門灣人」的早期之作，以四十萬港幣賣出。

潘天壽繼承並發展清代畫家高其佩的指畫，強調畫作之霸氣、強悍之力。此次拍賣，他愛畫的鷲、黃嘴小鳥均爲指畫。三六〇號則爲四十三歲所作之山水「絕頂觀滄海」。

由於潘天壽畫品罕見，少有定評，拍賣場中議論紛紛，以他作品爲甚，上月底杭州潘天壽紀念館在香港藝術中心展出七十餘幅眞跡。筆者視展覽爲敎室，多次細觀，對佳士得拍賣之作，悟出疑點甚多。

至於專以鬧事出名的范曾，繼臺灣之後猶未盡興，挑戰佳士得的結果是不管眞假，抽下再說，各拍賣行起而效之，收藏范曾畫的人要因出路而發愁了。

（1990・4）

中國古畫紐約行

　　最近（1990）紐約佳士得重要中國古畫拍賣，從北
宋錢易的「清介圖」，至清代揚州八怪之一華嵒的「松
門春雨」山水立軸共五十一幅，跨越六個世紀、四個
朝代，其中不乏博物館級的珍品，懸掛異地，待價而
沽，任憑買家品頭論足，但不知賣主為何許人也，捨
得將家傳珍寶割愛，令人尋思！

　　拍賣結果，賣出四十一件作品，共計五百萬美元，
其中似以道釋人物為題材的古畫，能獲較高價，如第
十號南宋顏庚的「鍾馗元夜出遊圖」，得近五十萬美
元，為此次拍賣最高紀錄。去年清代丁觀鵬的「十六
羅漢圖卷」，高達六十萬五千美元，今年丁氏所繪之
「飲中八仙」圖，也拍得二十多萬。元代人物畫家史
杜的「鍾馗出獵圖卷」，眾鬼啾啾，如聞其聲，與虎獅
相鬥，滿載而歸，更以七十七萬美元賣出。

　　人物之外，亭臺樓閣的「界畫」，以精筆細工寫實
描繪中國式建築，亦頗受西方藏家偏愛，四三號清袁
江的「漢宮春曉圖」，設色絹本，估價四萬至六萬美金，
以十三萬兩千賣出，其姪袁耀的「江山樓觀」同為界

畫，亦高出估價一倍成交。

　　袁江、袁耀深通營造法式，精於界畫，但因清代以「四王」山水畫爲正宗，袁江父子的樓臺之作備受冷落，近代才重受注目，尤受洋人欣賞。

　　十幅乏人問津之作，居然包括元四大家之一倪瓚的「古木寒泉」，水墨紙本，畫上三家題詩，題籤原出自吳湖帆之手，畫家自題「甲寅七月勾吳、倪瓚寫」，爲去世那年七十三歲之作，估價八萬至十萬美元，未能賣出。

　　倪瓚受董源影響，好用渴筆乾皴，簡簡數筆勾勒山水蕭疏景色，晚年棄家遁跡「扁舟箬笠，往來湖泖間」，爲清高文士之典型，明代江南人家以有無倪瓚之畫作爲清濁之分，現代人顯然不怕濁，膽敢置倪瓚之作於不顧。

■名家反而乏人問津

　　明大家董其昌一幅仿倪瓚筆意、布局的絹本山水，一幅仿黃公望隱居的橫雲山風景，筆法精妙，均未能賣出。

　　第十七號明代中葉工筆花鳥畫家呂紀的「寒雀山茶圖」，敷色燦爛，幾對鳥禽棲於岸上枝頭，生氣奕奕，浙江博物館藏有近似之作，亦未能賣出。同代陳淳的牡丹花，文徵明題「洛陽春色」，書法家吳寬作跋，讚

賞陳白陽爲繼沈周之後重寫生的畫家，把牡丹畫出五種顏色，而且技法「點筆敷粉出自天然」，爲明代中葉花卉創出新格調，這件牡丹手卷估價六萬至八萬，亦由賣家收回。

此次拍賣十個手卷，朝代、題材風格各異，細觀之餘，有如巡視一部繪畫史，特以撰述，作爲筆者初入古畫之探索。

手卷又稱長卷，爲中國傳統畫裝裱之一種式樣，前有「引首」，空白位置可題寫手卷之名稱，接下來是畫心——作品本身，緊接其兩邊是「隔水」，後面有「拖尾」，供人在上面題詩作跋，因留在卷末，故有此稱。

■收藏家獨鍾羅漢

前述古畫行情，人物畫歷來受西方藏家冷落，畫

北宋　石恪（傳）
羅漢　水墨紙本　手卷

史可看出五代以前中國畫以人物畫爲主，東晉顧愷之的「女史箴圖卷」爲現存最早畫作，亦爲人物畫，畫家到了宋代，創造出民族形象，羅漢觀音已不再是「胡相梵貌」。此次拍賣三件人物手卷，第二號的「羅漢」，相傳爲北宋石恪所繪。

畫史上記載石恪爲後蜀人，喜畫鬼怪人物，畫有「鬼百戲圖」等。宋代道釋人物畫十分流行，「宣和畫譜」將繪畫分十門，以道釋人物畫居首，前期以工筆重彩爲主，到了貫休、石恪才開展水墨寫意之風。

這件相傳爲石恪所繪的羅漢手卷，據一九二九年日本出版的有鄰大觀卷五印載，原件長十八尺，並有宋高宗收藏章；二次大戰後方被切斷，僅剩十尺，今存細筆白描白象，馱負蓮花，旁立三位高僧，衣紋粗放，手卷結尾爲一持鉢僧人面對騰空祥龍。

在手卷末尾與綾錦裱件接縫上，蓋有石恪印及簽名，故傳爲出自他之親筆。比較現存日本京都正法寺石恪所繪「二祖調心圖」，可看出他疏放寫意風格，爲南宋梁楷減筆畫開先聲，相較之下，這幅羅漢筆法較拘謹，不似畫史所稱的「筆畫縱逸不專規矩」。

「羅漢」估計四萬至五萬，以十三萬二千美元賣出，人物畫受偏愛，此爲佳例。

■宮中作品果然不凡

第十號南宋顏庚的「鍾馗元夜出遊圖」，水墨絹本手卷，畫史上對顏庚少記載，明代書法家吳寬於成化年間在此手卷上題跋，亦稱顏庚畫少見。從風格上看，顏庚與元代擅畫人物佛道、亦工鬼怪的顏輝近似；美國克利夫蘭博物館藏有顏輝同以鍾馗為題材的手卷，無論用筆、構圖，鬼怪畫法，均有相似之處。

南宋　顏庚　鍾馗元夜出遊圖
水墨絹本　手卷　吳寬題跋

顏庚手卷中多一鍾馗之妹，為顏輝畫中所無。此畫但見鬖髮細筆鉤描的眾鬼，吹笛打鼓，鍾馗醉酒騎在馬上，跟隨青牛背上的妹妹而去，手卷上蓋有十一個收藏章。

第四五號清代丁觀鵬的「飲中八仙」手卷，設色紙本，石渠寶笈三編著錄。丁觀鵬及其弟觀鶴同為宮中畫家，供奉乾隆，人物筆法仿明朝善畫佛像、白描

羅漢稱譽一時的丁雲鵬。「飲中八仙」為丁觀鵬奉乾隆之令，仿五代南唐周文矩的人物畫筆意，手卷有八個景，乾隆御筆題詩點題，如李太白飲酒一斗詩百篇、喝醉酒的賀知章騎馬似乘船……工筆細繪家具舟車，呈現古代飲酒風俗民情，甚有可觀。

清　丁觀鵬　飲中八仙

　　此手卷為宮中裝裱，乾隆、嘉慶等十三個宮廷收藏章，估價十五萬至二十萬，結果得二十四萬兩千美元。

　　人物之外，三件手卷均出自明代畫家之手，分別畫竹、水仙花卉及蝴蝶草蟲。

　　明代畫竹分為兩大派，一為細筆雙鉤、一為水墨；文人揮灑墨竹抒發情懷，鉤勒竹畫遠不及墨竹之盛：宋克、王紱、夏昶為墨竹三大家。師承王紱的夏昶，

後來創出自己風格，他這一派畫竹勢力最大，當時號稱第一。

第十五號夏昶的「竹泉春雨圖」，是長達一千多公分的墨竹手卷，竹枝煙姿雨色，應博古好畫的友人相求，隨興所至而成。

夏昶畫竹喜一氣呵成，畫巨幅尤其如此，經常「杜門放筆」專心寫竹，評者認爲他通竹的長處，幾乎不見複筆，所謂「落墨即是，出筆便巧」，筆下竹葉饒有韻致。

以畫竹聞名的夏昶，生時人人爭購，名聲遠播域外，有「夏卿一個竹，西涼十錠元」之說。五百年之後，夏昶之竹依然價高，估價四十至四十五萬美元，以四十四萬賣出，僅次於顏庚的鍾馗圖。去年張大千大風堂的「湘江風雨圖卷」，亦爲夏泉墨竹，以二十五萬美元賣出。

「竹泉春雨圖」五家題跋，收藏章三十一個，誠爲巨幅重要之作。

■閨閣畫家自有靈氣

第二四號馬守貞的「水仙石圖」，由王穉登補石。馬守貞爲明朝女畫家、女詩人，是秦淮歌伎，善畫蘭竹，爲王穉登的紅粉知己，此幅水墨水仙長卷即是送給他的，王穉登補石又附詩詠水仙之清香高潔。

馬守貞的雙鉤水仙，婉約秀麗，是典型的閨閣之作，葉分濃淡，綽約有姿，倚立山石，此乃野生之水仙，與一般浸在盆中之家養水仙自有不同風情，野趣十足。

　　此手卷爲孔廣陶「嶽雪樓書畫餘」卷五著錄，估價八萬至十萬美元，得十一萬。

明　馬守貞　水僊石圖
水墨紙本　手卷　1599作

■文人畫際遇不同

　　明末陳洪綬以人物畫著稱，十九歲所作「九歌圖」「屈子行吟圖」均爲不朽之作，他在筆法上刻意求古，目光推向唐宋，力量氣局被譽爲在唐寅、仇英之上。

人物畫之外，陳老蓮的花鳥草木無不精妙。

　　第二八號爲陳洪綬之「百蝶圖」，設色絹本，色澤清麗，工筆勾勒蝴蝶花菓，筆意師法北宋易元吉，古意盎然，精妙富趣味，但見荷花盛開，蝴蝶蜻蜓翩翩飛舞，荷葉下，靑蛙咬住蚊蟲，蛙一腿又被後面靑蛙咬住，畫家本著幽默之心描繪自然界景象，爲陳老蓮罕見之作，得近九萬美元。

　　山水畫一向爲中國繪畫的主流，拍賣中的五個長卷，第十六號的「溪山淸遠」，乃明朝人仿南宋夏圭之作，水墨絹本，是長達一千公分的巨作。夏圭原作現藏臺灣故宮博物院，摹擬者對原作構圖稍有改動，筆墨複雜，畫幅亦較原作長，從筆意皴法來看，這件無簽名之手卷，可斷爲明初人之作。

　　夏圭主要以故鄉杭州山水入畫，水墨蒼勁，他與馬遠喜歡突出近景，精心細繪，成爲畫中最精采之中心，其餘遠山則較淸淡，山水結構明快，筆法以尖銳著稱。

　　明代文人畫興起，氣勢大遜於宋時山水畫。明四家之一的文徵明，早年與沈周學畫，畫法則師法趙孟頫，自認天資平庸，但刻苦作畫故有所成，生前繪畫極勤，八十九高齡而卒，傳世之作時有所見。這次拍賣第二一、二二兩件手卷均出自文徵明之手。

　　文徵明用筆蒼秀、細緻靈巧，是文人畫的極致，擅長取景江南湖山庭園，以文士生活入畫，構圖平穩

工整，多青綠山水之作。二一號的山水書法，絹本青綠，畫於八十五歲。手卷前自題「春遊西山」四字，有四個收藏章，這長達一六○公分的手卷，山巒起伏，清潤自然，得三萬三千美元。

反而是二二號四百多公分的長卷「溪山無盡圖」，同為絹本，七十歲所作，估價與二一號大致相同，以十一萬美元賣出。文徵明題此手卷仿王冕，他自謙不及大師，但存古意，畫面細緻靈秀，爐火純青，不食人間煙火。評者認為文徵明早年筆法細緻清麗、中年用筆粗放、晚年粗細兼具，這件手卷顯然以蒼秀見長。

第三○號清姚允在的「桐江煙雨」水墨絹本，畫史上對這位活躍於明末清初的畫家，記載極少，龔賢在這長卷之後題到姚允在初學藍瑛，青出於藍，他所見之姚畫均金粉丹碧，此卷用墨審慎，頗有倪瓚乾皴之風，絹本泛黃，古意優雅。

龔賢讚為：「此卷既無刻滯之跡」而「渾融之氣慰我宿願」，姚允在山水師法荊浩與關仝，筆墨兼具。

姚允在這幅「桐江煙雨」 中自題云：「桐江蕭寺中旅次經年，每於春花秋月雪瑞雨窗，筆硯精研作此卷」，他自承「得江貫道墨法以想見古人于萬一耳」。饒是如此，還拍得十六萬五千美元。

■王鑑臨古作品見功力

　　清四王之一的王鑑，筆法纖不傷雅，畫風較平實，第三八號長卷「溪山清遠」，畫家自道此卷受董源畫的啓發。

　　董其昌藏有董源畫卷，王鑑訪董氏於華亭，得觀其畫，回去後畫面常在夢中出現，中秋夜坐院中賞雨，歸後以董源之法畫成。王鑑自謙「愧未能彷彿萬一，擲筆爲之汗流」。

　　五代董源擅長平淡天眞的江南風光，發展出淡墨輕嵐的風格，影響後世山水畫甚巨。王鑑此作山巒起伏、平遠幽深，山多小石塊，滿布小苔點，山坡脚下多碎石，刻意仿古，頗見功力。

　　王時敏八十七歲時重觀此手卷，留有題跋，黃君璧著書亦提及此作，估價二十萬至三十萬美元，得二十二萬。

　　近年來中國繪畫市場活躍，收藏藝術品投資保値成爲時髦風尚。由於蘇富比、佳士得對拍賣之繪畫不保證眞假，買家對年代較近的畫家，如鴉片戰爭之後的近代、現代各家，在鑒定上因時代近，似較有把握，而且在世畫家如發現拍賣目錄有僞作充斥，多半會致電抽下，買家多一層放心。

　　古畫鑑定，因時代久遠，識別不易，市面拍賣的

古畫可從宋以下迄清中葉，橫跨時間近千年。

　　歷代大小名家多如恆河沙數，專家精力所限，難以得識全貌，因此收藏古畫，除了憑好惡直覺，須借重各方面知識。鑑定古畫，其實是一項需窮畢生之力，而未必能達成之大學問。

■辨眞僞重筆墨

　　當今古畫鑑定名家上海畫家謝稚柳先生，強調書畫鑑別眞僞，筆墨辨認爲第一要素，對畫家的個性、時代性、流派都要有所掌握。

　　然而除非長期浸淫某家、某流派研究的專業人員，因工作關係，得以就近細閱博物館收藏之傑作，一般有志於古畫收藏者，只能隔著玻璃櫥窗研究展覽作品；另一個機會便是遠赴紐約，參加一年兩度的古畫拍賣。

　　這樣零散來看，便難以集中鑑別某家之作，何況筆墨辨識又極抽象，因此以下就書畫鑑定的輔助要點：諸如印章、收藏印、著錄、題跋、裝潢、紙絹等可能產生的疑點分別敍述如下，以供買家參考：

　　一、印章：前代收藏家，都將印章做爲主要的鑑定依據，但歷代書畫家用章其實無規律可尋，他們隨興之所至，生前所用的章何止數十方，要是咬定只有那一方才是對的，那就太不符合事實了。宋米芾自稱

參用其他文字的印有百方。明沈周的「白石翁」、「啓南」、「石田」等印，尤其混亂，若專靠印章斷定書畫眞僞，根本就無以爲憑。

當然歷代書畫家也有些所用的章比較固定，容易核對。印章可翻刻造假，如若近代人之作，利用現代科技鋅版、橡皮版翻製，可做到與原印毫釐不差。

二、收藏印：鑑定古畫的另一個依據是收藏印，一幅古畫鈐有著名收藏家之印，除會被認爲是精品之外，還可肯定是有來頭的眞跡。

但收藏章極容易做假，遺印或爲同代人或爲後代人僞造仿刻，何況要求古代收藏家、鑑賞家的眼力萬無一失，全無僞跡，亦未免太過一廂情願。

前述明夏昶的「竹泉春雨圖」，收藏章三十一顆，如此大陣仗，則應是眞跡明證。

三、著錄：拍賣有著錄的作品，不管是收藏家或研究者的著錄，亦或畫家開畫展的目錄，等於是眞品保證，一般價錢一定高。

近代，現代名家之作，時代距離較近，著錄如發現錯誤，有門人指摘澄淸；如出自在世畫家自編之畫冊，更是鐵證如山，絕無贗品。

古畫的著錄雖是鑑定的參考材料，卻不一定可完全盡信，歷史上大名鼎鼎的收藏家，有的並無著錄行世，相反的例子卻時有所見。著錄畫跡的作者當然力求無誤，但難免亦有其局限性。鑑定專家張珩指出，

宋徽宗的鑑賞力甚具權威，但《宣和書畫譜》有些古跡畫本，實際上是摹本，其中晉人的法書，張珩認為是唐人的響搨本。

最荒謬的如明末張泰階，集晉唐以來假畫兩百件，刻印了一本《寶繪錄》，記錄這些假畫的內容與題識，欺名盜世，以此為最。

清代高士奇進呈給皇帝的畫中常有偽造者，這本錯誤不少的祕本還刊刻行世，誤導後人，後害無窮。

四、題跋：題跋是作者本人、同代人、或後人以詩文來記述或評論作品，甚至有後人對前人題跋是否贊同的評價。謝稚柳先生認為題跋對鑑別有很大的說服力。

但是歷代真古畫而配以別人的偽跋或偽古畫配以別人的真跋，都可能發生。有些畫家晚年誤把別人摹仿他的畫加上題跋，增加鑑定上的困擾。

以明朝畫家為例，文徵明工書善畫，善鑑別，他的題跋較可信；反之，董其昌雖看過無數書畫名跡，但在品評真偽上極不嚴肅，後世不宜輕信。

五、裝裱：裝裱或與書畫真偽無直接關係，但有時可成為辨真偽的佐證。古畫收藏印多蓋在裱件的接縫上，有它的規矩，偽造者往往亂蓋。

前述第四五號清丁觀鵬之「飲中八仙」人物畫，為乾隆宮中裝裱，乾隆所用玉璽本有一定規律，可幫助辨別。

民間裱工南北傳授不同，手法各異，認淸特點、裝裱時間、甚至出自哪一藏家，都可爲鑑定提供線索。

　　古人也有利用人深信裝裱的弱點而故意作假者，方法是保留原裝裱，挖出書畫本身，把假本嵌裱進去，完全是金蟬脫殼之計。

　　六、紙絹：紙絹有它的時代風格，但古代紙絹可留到後世才使用，文徵明、王寵等便用過藏經紙，金農也用舊紙書畫。

　　近代有人用明版書的白棉紙，泡成紙漿，重製成小幅箋紙，看起來和明朝紙質一樣。

　　靠紙絹鑑別，千萬要小心別上當。

　　書畫的作僞在宋代便很盛行，米芾在《書史》記載他把自己臨寫的王獻之「鵝群帖」及「虞世南書」，染成占色，把別處移來的題跋裝在一起，這是故意玩笑做假。

■畫家眞僞觀念淡薄

　　中國繪畫傳統摹寫成風，歷代畫家對其眞僞觀念淡薄，明四家中之沈周，不但不以贗品爲忤，還在僞作上題字。文徵明晚年聲譽更高，「門下士贗作者頗多，徵明不禁」，這等於默許。除這兩家之外，淸代的王翬、惲壽平，臨造者亦極多。

　　代筆的現象更爲複雜，畫家自己畫一部分，由學

生添補，結果真假參半，也有學生作畫，老師題款：揚州八怪的金農，不少畫是出自羅聘之手；董其昌的代筆者，據說還不止一人；元女畫家管道昇的書札，由其夫趙孟頫捉刀……。

字畫商蓄意作假牟利，則更防不勝防，而且技巧高明。從前蘇州做假銅器，竟然運到河南埋在墓坑裡，過若干年再挖出來賣，甚至還帶著買主一起去挖。

書畫作偽，一種是完全做假，一種是拿古人書畫用改款、添款、割款等方式來作假，有「長沙貨」、「開封貨」等。仿造名家之作固然有之，利用藏家不會起疑之心理，仿製小名家之作，亦時有所聞。

以上所述，絕非聳人聽聞，收藏古畫，不僅要多看實物，更要對歷史、文學有所鑽研，這是絕無捷徑可走的。

(1990．7)

鎏金歲月大特賣

　　瑞士日內瓦一家拍賣行，最近來香港舉行一項別開生面的展覽：古代及少數民族金飾物及金器藝術品巡迴展，香港是繼紐約、東京之後第三站，五月中旬將於日內瓦拍賣。

　　在保安嚴謹的氣氛下，巡視這三百多件除了非洲之外，幾乎囊括全世界各地的金器飾物，從古希臘、羅馬、拜占庭、波斯、阿拉伯到中南美洲的前哥倫比亞、祕魯、澳洲毛利族的金器飾物一路看過去，在亞洲專櫃發現這次拍賣的重點。一尊第八、九世紀的泰國斷臂金人立像，釋迦牟尼出家前的王子打扮，長耳垂穿洞、髮髻高聳，造型受斯里蘭卡雕像影響，重五二點二公克，估價十八至二十萬瑞士法郎（合港幣一百多萬元）。

■大水沖出雕金片

　　印度各城邦飾物一致的精雕細琢、繁複華麗，令人目不暇接，最精采的是浮雕神話故事，充滿玄想的

胸飾、長腰帶。

緬甸二十件西元七世紀的佛像浮雕金片，信徒以這類金片奉獻祈福，以示虔誠，爲其他亞洲佛教徒所罕見。這些大小不一的金片原來藏在一間寺廟大柱內，水災沖倒後發現的，輾轉被帶出參加拍賣。

柬埔寨的兩個蛇頭相咬的項鍊、手鐲，亦源自宗教中的靈蛇。一向以工藝聞名的印尼，一百多件的項鍊、手鐲、戒指、耳環，甚至短刀、面具，來自峇里島、蘇門答臘、爪哇、沙巴等部族，數量之多出人意料，各部族工藝之精美、多樣、富想像力，更令人大開眼界。

屏息找尋中國金器的結果，才發現只有區區數件：兩件十六世紀西藏金佛像之外，一件同時期的金垂飾盒子，是用來藏護身符的，據說是在泰國找到的；目錄上注明圖樣設計源於羅馬或中東，果眞異國情調十足。

另六件依年代而分，南朝的鑄金天祿柱頭飾、唐宋年間的鏨鑄童子馭鳳金髮飾、一隻遼宋年間的雙魚紋鎏金銀碗，和兩對遼代耳環。

■中國金銀器最稀奇

面對極稀罕的區區幾件中國文物，不免趨近細觀，愈看愈覺眼熟。嘖，去年十一月「潁川堂」開風

氣之先的「中國金銀器」展賣，才乍見的這幾件金器，短短半年繞了個地球，易主之後又回來了，五月拍賣後又將歸何人所擁有，流落何方？文物滄桑，莫過於此。

何以三百多件金器中，獨缺中國？專家的答覆是市面流傳太少，而且對中國金器知識欠缺，不敢貿然蒐集，偶爾在蘇富比、佳士得拍賣出現，量數亦都有限。

中國金銀器傳世少，原因是歷代戰亂損毀，或被熔作貨幣使用，更有盜墓者，或因不識貨或因怕追緝偵察，索性論斤賣給銀匠熔為金條，毀屍滅跡。

以明墓為例，皇族樂安王的王妃頭上、身上殉葬的金鳳釵、金雀、金鈎等共二十二件精美金器，盜墓賊按重量賣給金匠，悉數破壞，諸如此類不勝枚舉。

中國人忽視金銀器的收藏，這種現象至今未變，舉世最權威的收藏與專著之出版均在瑞典。二十世紀初河南省修築鐵路，許多唐塋被發掘，唐代文物大量出土，但因戰亂頻仍，這些珍貴文物大都流落海外，金銀器亦難逃此劫，目前大陸難見唐代以前的金器原因在此。

古代金器飾物，價值貴重、體積又小，便於隨身攜帶，行遍天下；每至一處，便可能與當地的金器結合，風格相互影響，這種造型融合的現象在其他藝術類別中是極為罕見的。

■全球金幣一大抄？

從各古國遺址中所發掘出來的金器，可看出古代各部族貿易往來交流的軌跡，以彌補文獻記載的不足。有意思的是，近年希臘發現的亞歷山大王父親的墓葬中，有幾件金器，據專家推測極可能來自古中國。印度南方的馬達拉斯海邊出土過古羅馬金幣，印尼爪哇的金幣亦與北歐維京人的酷似。

在場的印尼金器專家強調，若欲知第六至十二世紀東南亞各國貿易路線，可依金器流傳的軌跡來追溯。

一提到中國古代金器，最先想到的便是飾物。出土的金器，至今最早的可追溯到商代中期，墓葬中發現的金臂釧、金耳環、金笄均為飾物，造型簡雅，含金量達百分之八十五。

按照商代習俗，女子一過十五，如已許嫁便得舉行笄禮，表示已成人及身有所屬，男子亦可簪髮。

中國金器，歷代以來與北方各民族交流頻繁，東周戰國時代，不僅用黃金當貨幣，如楚國即有黃金製的「郢爰」貨幣；同時青銅器物及飾物上也出現了金銀錯的精美工藝。北方內蒙匈奴王墓二百十八件金器的重要發現，反映出匈奴與漢人的交往關係；其中以一件鷹形金冠頂為代表作——老鷹攫羊形的造型，此

種母題，在西元前四世紀的伊朗游牧民族也很流行。

　　兩漢時，北方少數民族的金銀工藝仍時有所見，吉林就出土過鮮卑墓的金銀飾物；而江蘇出土的金獸，重九千克，為現存漢代金器最重的一件。彼時由於海路和絲綢之路，兩漢與西方貿易頻繁，西方金器流入中國，同樣兩漢的金銀工藝也流傳西方，三○年代哈薩克出土的仙人騎獸鏤空鑲嵌金帶，即被鑒定為有漢代風格。

　　北魏與波斯的交往，可從一隻鎏金銀盤紋飾反映出來。

■君王頭上的最愛

　　唐代的長安是當時世界文化中心，出土的金銀器浮雕造型，具波斯特色者不勝枚舉，遼代的人首銀執壺，則具有伊朗薩珊朝風格……。

　　元明清三代金銀器的發展，亦各有鮮明的特徵，或為與宗教有關的鎏金佛雕、或碗、盤等首飾之外的器皿等，然而最迷人的還是自古即有的各式髮簪，及詩詞、繪畫上所常出現的「金步搖」等婦女頭飾。

　　金銀器稀罕，得之不易，造成國人對此道知識的貧乏與隔膜。即以臺北故宮博物院而言，這方面的收藏也微不足道；明清兩代文物記載，亦極少提及。

　　鑒定金銀器的真偽、年代，「穎川堂」的負責人王

先生提出兩個方法。一是拿它與同時代的其他文物，如銅器、玉器的形狀、紋飾做比較，或與出土的同類金銀器比較以下判斷。例如一件春秋時代的方形龍紋金帶飾，與同代的玉器及靑銅器盤龍紋飾酷似，另一件南朝鑄金天祿柱頭飾，其「天祿」的威勢動態與南京郊外出土的六朝石刻天祿殊無二致，與兩晉璽印上「辟邪」也息息相通。

古代繪畫中的人物頭飾，亦是最直接的線索，王先生第一件收藏六朝滾珠金絲珠寶鑲嵌冠飾，與現藏波士頓的歷代帝王圖像卷中的一位君王頭上所戴的冠飾，便十分類似。

「這件冠飾背面是銅，已有銅銹，鑲的眞珠、珊瑚也已變質，爛了，可見是件舊器。」王先生談他鑑定心得：「冠前面才用金，反映金的貴重，周圍滾珠的技巧是中東傳入的，後人難以仿造。」

金器的製造太過複雜精細，仿造不易，王先生認爲仿造者另創圖飾造型的可能性不大，一般只會依樣模仿，憑經驗可看出仿品的破綻，僞造的只能形似而不能傳神。

第二個鑑別方法是從工藝製作來斷定。王先生曾看過一件仿戰國的匈奴虎紋金牌，這金牌厚薄極爲均勻，一看便知是機器壓出來的。古人一錘錘敲出來的不可能如此均勻、厚薄一致，而且虎的造型細處錯誤

極多。金器的純度及所含雜色金屬，也與現代金器不
同，這是可用電子光學儀器測量出來的。

黃花梨

明式家具跨海熱賣

六月一日及五日紐約佳士得拍賣中國藝術品，其中明式家具共百來件，六七十件來自同一藏家 *Fred Mueller* 之手，量與質均十分驚人。此人蒐集的明式家具，除紅木之外，主要以黃花梨木爲主，年代最早從明代至十九世紀，幾對靠背椅甚至可明確爲康熙乾隆時代之物。

■黃花梨木迷死洋人

在這位收藏家眼中，一把明式黃花梨扶手椅，等於是一件雕塑，是藝術品。而五百年前的蘇州木工，依照造型、榫卯合乎法度的製作過程，與藝術家的創作無異。西方人把家具、陶藝列入裝飾藝術範疇，他認爲是錯誤的。

明朝木工藝匠即使地下有知，也無從想像他們手工精製的椅子、桌几，五百年後會遠渡重洋，擺在洋

人客廳中被當成雕塑品看待吧？

　　Mueller拿出拍賣的這幾十件明式家具，反映了西方收藏家對中國家具的審美標準：一為喜愛木頭的本色，對紋理華美的黃花梨木情有獨鍾，木頭有「鬼面」花紋的更被視為珍品。

　　二為視造型線條簡練、勁挺的明式家具為上乘，對於雕工繁複的桌、椅則不屑一顧。

　　洋人開始對黃花梨器發生興趣，是在本世紀三〇年代，由於他們大事蒐集，使一向被國人冷落的黃花梨器價值大漲。北京魯班館等地的家具店為了招徠生意，連忙將油漆染深顏色的黃花梨器退色還原本來面目。

　　原來自清中期以後，紫檀木成為帝王權貴眼中的名貴家具，紅木次之。這種貴黑不貴黃的風尚，據專家王世襄的調查得知：木工在完成顏色淺的花梨製品後，即再加一道手續，把它染刷成黑色，往往連傳世的黃花梨器也不能倖免。

　　黃花梨器受洋人青睞後，北京匠人除了還原黃花梨的本色之外，也將紅木器洗刷刮磨，加染黃色，充當黃花梨出售。

　　王世襄仿古代的文藝批評，將明式家具以「品」與「病」兩大要點來評斷其優劣，西方人對中國家具的品味，偏向簡練、典雅、講究樸素之美。

　　Mueller的收藏，從各式燈掛椅、宮帽椅、圈椅至

方凳、桌案、四件櫃等，均反映出崇尚線條簡雅的審美品味，與臺灣收藏家專重繁複雕工、紫檀重木大相逕庭。

■洋專家大膽胡說

洋人蒐集之餘，開始著書，最早的一本是德國人古斯塔夫・艾克寫的《中國黃花梨家具考》，於一九四四年問世；四年之後，美國人寇慈在紐約出版《中國家具》一書；一九七〇年埃斯華斯的家具書亦相繼出版。

由於認知所限，艾克等外國人憑著一己的審美觀，大膽而錯誤的把線條簡單優雅的家具，一律畫為明朝，另一類因雕工而斷代為淸代家具。其實這只是審美觀的差異，與時代先後毫無關係，艾克諸人的觀點，從現存實物可輕易駁倒：明代家具亦不乏雕工繁複的，如北京故宮博物院所藏的明代紫檀有束腰帶托泥寶座，便是最好的證據。

埃斯華斯於一九七〇年出版的《中國家具》一書，有一章專講椅扆，寫道：「椅座構造的變更對中國家具的斷代有重要的意義。中國硬木家具的椅座有兩種基本構造，一種是木板上貼蓆的硬座，另一種是用籐、棕編織的軟座。」

據王世襄從魯班館的老師傅得知，中國家具木板

貼蓆，「古無此法，是近幾十年才有的」，其實是一種破壞性的修理方法，卻被洋人視爲傳統家具的基本構造之一，由無知所導致的混淆，可悲可嘆！

一九八五年第一本中國人寫的家具書，王世襄的《明式家具珍賞》出版後，掀起國人收藏搜尋明式家具的熱潮。

其實從四〇年代開始，當艾克諸人開始研究之時，北京學者王世襄也已著手對古代細木工和家具加以研究，並完成《中國古代家具——商至清前期》草稿。若非中共搞不完的政治運動，五〇年代把呼籲保護明式家具的王世襄打成右派戴上帽子、文革浩劫十年災厄，中國人不必多等半個世紀，才盼到王世襄這部塡補空白的鉅著。

幸虧王世襄在慨嘆中國家具竟然要借助艾克等外國人的書來闡釋之餘，敢冒著政治上的危險，每天摸黑起早，潛心鑽研他自稱的「偏門」學問，自己動手刻鋼版，偷偷將他治學所得油印成集，如是又完成長達二十五萬字的《明代家具研究》文稿及其他著述。

一九八五年，《明式家具珍賞》在香港出版，七十一歲的王世襄來港舉行一連串的演講，隨身攜帶費時四十年，含七百幅珍貴圖片的《明代家具研究》略稿，作者視之如命，寸步不離身抱上飛機，牙刷行李都交給隨後來的同行代拎。

這位傳奇性的人物，爲了替中國人出一口氣，四

十多年來，在北京騎著他破舊的老爺自行車，後座裝上一個承重一兩百斤的大架子，穿街走巷，從古玩鋪到打鼓人家，從魯班館木器店到曉市的舊木料攤，爲找尋舊家具而奔波。一有所獲，便取出自備的粗線繩，麻包片綑好，搖搖擺擺載回家去。

蒐集過程中，足跡遍至北京方圓幾百里，甚至在大年三十，爲了農家肯讓一件舊家具，在鄉下睡冷炕過年。

然而，一九四九年以前，在燕京大學研究院的王世襄，原是出身名門的公子，對老北京的放鷹走狗、養蛐蛐、玩鴿子樣樣精通，甚至有肩上架了隻大鷹，到學校上課的驚人之舉，最近筆者還接獲他從北京寄來的新著《北京鴿哨》一書。

■老祖宗喜歡牀上躺

據王世襄考證，中國家具起源甚早，從商周到漢魏，起居的習慣是以「席」和「牀」爲中心，席地跪坐爲風尚。從出土的實物，可知戰國即已有牀的存在，東晉顧愷之的「女史箴圖」，出現了有柱與牀頂的架子牀，堪稱古畫中最早的實證。

南北朝時，垂足坐的風氣逐漸流行，高形坐具，如凳與中間細瘦如腰鼓的筌蹄，逐漸出現。唐以後，椅凳之外，並有桌案，只是跪坐、趺坐之風仍然存在。

直至宋代，已進入垂足高坐時期，由於年代久遠，宋代家具遺物不多。

明代中葉以後，王世襄認爲是中國家具的黃金時代。鄭和下西洋宣揚明朝聲威，開始與東南亞各國交往密切。隆慶年間，開放海禁，允許私人的海外貿易，原產地在海南島、安南的黃花梨木、南洋的紅木就此大量進口，這些硬質樹種材料的輸入，刺激了硬木家具的生產。

明代中葉家具藝術達到頂峰的另一個理由是：城市鄉鎮工商業發達，養成一種新的經濟勢力，百姓生活富足，逐漸講究起居舒適，硬木家具的需求，成爲風尙。

往昔只見於巨富文人家中之細木家具，此時開始出現「奴婢皁隸」之家，而江南園林建築此時亦達到巔峰，室內擺設家具爲不可缺之要件。

■大官家裏六百張牀

從一大貪官嚴嵩之子獲罪後的抄家帳裡，可看出明末達官貴人窮極奢侈的陳設：光家具大理石及金漆屏風就有三百八十九件，大理石、螺鈿等各樣眠牀六百五十七張、桌椅櫥櫃几架等共七千四百四十四件！

從明中葉到清代前期，精細的硬木家具產地有蘇州、廣州、徽州、揚州等地，其中以蘇州最爲重要。

蘇州人聰慧好古，良工巧匠善於承襲古法，精製優雅的家具，而蘇州家具隨著載米的船隻，沿古運河由南而北展賣。

王世襄曾經沿著古運河兩岸找尋明式家具的遺跡，在通縣、保定等處都有發現，證明北方講求材料結構、工藝之美的硬木家具，大都出自姑蘇巧匠之手，他從蘇州蒐集的櫸木家具，其製作手法與流傳北方的明代黃花梨家具如出一轍，證實蘇州為原產地。

雖然洋人著作中提到十六世紀廣東已有巧匠製作架子牀等家具，但據王世襄考證，廣東家具業大量發展，應該是清中葉以後。

徽州在晚明是個家具生產地區，但實物罕見，王世襄只在古屋大廳發現精美的門窗欄格，而靠鹽業繁榮的揚州，極盛時期是在清初，李笠翁曾推崇揚州木器為古今第一，甚至超過蘇州，但應當是清以後的成就。

■木料流行舶來品

明式家具所用的木料，以產自中南半島、雲南、兩廣的紫檀最為珍貴，紫檀黝黑如漆、靜穆沉古，黃花梨木材顏色不靜不喧，恰到好處，紋理或隱或現，生動多變，另一種產自印度，流行廣東的鐵力，樹高十餘丈，適合做大件家具，北方人將櫸木稱為南榆，

蘇州木工因它層層如山巒重疊的花紋，取名爲「寶塔紋」。

鸂鶒木亦爲明代及清前期家具之主要木料。

中國家具一如其他傳統工藝，同樣的風格樣式，往往因襲無數個世代，造成斷代鑒定的困難：例如宋代已定型之夾頭榫條案、燈掛椅或扶手椅，一直到今天工匠仍在如法製造，其餘桌、凳、牀、櫃的造型自古以來亦無明顯變化。

家具一向被視爲生活用具，雕蟲小技，文獻不屑登載，它又與一般工藝品不同，幾乎絕少註明年款，也不像陶瓷可通過窯址及年款鑒定，判斷產地與年代。在王世襄的收藏中，僅有一件明代紫檀挿肩榫大畫案，牙條上附有溥侗的題識，還是這畫案的主人留字紀念，絕非木匠所爲。

王世襄當年以相當於一個小型四合院的代價，從溥家後人購得這件頗不尋常的畫案。可見昔時木匠，並無在家具內裡鐫刻留字的習慣。

中國人一向節省，將破損的古老家具改造，最常見的是把架子牀改成羅漢床，舊木新工，增加斷代的混淆，而古董商爲了生意，往往把年代推前，清說成明。

明式家具的斷代雖是困難重重，但仍有跡可尋，從木材的選用可找出蛛絲馬跡。黃花梨木、鸂鶒木到了清朝中期日漸匱乏，大量進口的卻有紅木與黃花梨

木，這兩種木頭所造的家具，儘管式樣仍爲明式，但必屬清中期或以後之物。

■假作眞時眞亦假

最近以海南島新栽的黃花梨仿古造明式家具，企圖魚目混珠，行家指出區別新、舊木的簡易方式是看木紋，樹齡愈古老的黃花梨，紋路是大而散開的，新栽的則緊而小。至於防止舊木新工，要注意它榫卯交接處有無新工痕跡。

家具上所用的附屬材料，如大理石板、銅鐵飾件也可幫助斷代，白銅飾件形式古樸，應早於黃銅飾件。

王世襄認爲家具上所雕刻的花紋，應當是鑑定的最好依據。因爲它本身有比較鮮明的時代性，而且可以拿它來與同時代其他工藝品的花紋做比較，如瓷器、漆器或木雕。

他從出土或傳世的家具，歸類出四組花紋：龍紋、螭紋、花鳥、麒麟，逐一對照比較，從不同的龍的造型來斷家具年代先後。王世襄對漆器工藝研究精湛，早有專書，他將家具上的靈芝、牡丹、花鳥刀法刻工，與元末明初的剔紅、剔黑漆器紋飾相對照，得出驚人結論。

麒麟怒吻奮張、鬃髮豎立神采飛躍的姿態，參照元明紡織物及銅石雕刻中的形象，得出結果。

王世襄按照家具的功能，分爲椅、凳、桌案、牀榻和櫃架等幾大類，並逐一爲之定名。

■官皮箱原來是化妝箱

　　佳士得拍賣Mueller的家具，六月一日第一件即爲官皮箱，顧名思義，應爲官衙中盛放文件之物，然而，從傳世實物中，箱子雕刻喜慶吉祥圖案，又似婦女化妝用具，王世襄拿它與常州南宋出土的鎖箱來比較，確信官皮箱爲閨房使用的鏡箱，與官衙用具無關。

　　Mueller所藏黃花梨十八世紀官皮箱，估價二至三千美元，以四千兩百美元賣出，另一隻年代較早的，反而便宜六百美元。

　　Mueller藏品，除牀榻之外，以成對椅子占最大分量，其餘爲凳、桌案、筆筒、樟木箱等。估價最高達十至十五萬美元的一對明代黃花梨木頂箱立櫃，由上、下兩櫃重疊而成，上層用來擱置帽子，銅鎖均爲原件。

　　目錄上註明，此對明代大櫃，與紐約大都會博物館網師園中一對類似，收藏中國家具著稱的堪薩斯州尼爾遜博物館亦有相同之物，但結果卻未能賣出。

　　此次拍賣最爲突出的，非明式椅子莫屬，四二二號兩對清康熙黃花梨木小靠背椅，形式似王世襄《明式家具珍賞》書中第三九號，據稱這種沒有扶手的椅

子直到清初才出現，延續至清代中、晚期。Mueller的這四隻小靠背椅斷代爲康熙，應該無誤，估價二至三萬美元，以兩萬兩千賣出。

另兩對形式與小靠背椅類似的燈掛椅，以六千多美元賣出。這種當中面窄而背高，沒有扶手的椅子，專稱爲燈掛椅，因形狀像南方懸掛燈盞的高梁竹製燈而得名。

■小椅子三萬美元

凡有靠背又有扶手的椅子，都叫扶手椅，佳士得四二七號一對搭腦與扶手不出頭與前後腿彎轉相交的南官帽椅，斷爲十七世紀之物，艾克、埃斯華斯書中均有圖錄，原來籐編的椅座已換成木板，估價一萬五至兩萬美元，以超過三萬賣出，想是因這對南官帽椅比例對稱協調，而且做工優美精緻，故得高價。

搭腦及扶手都伸出頭的叫四出頭官帽椅，四一○號一對十七世紀黃花梨木的四出頭官帽椅，與《珍賞》一書第四六號圖錄一樣，靠背板浮雕花紋，由朵雲雙螭組合而成，王世襄認爲這對椅子能夠線條纖細、柔婉動人，是因昔時工匠不惜耗費工料，細心刨刻而成，估價兩至兩萬五美元，以三萬三賣出。

這次拍賣價錢最高，也極可能打破明代扶手椅紀錄的，是四一八號一對明代四出頭官帽椅，這對造型

黃花梨

103

古樸，搭腦、扶手、聯幫棍、鵝脖子都有彎的椅子，與王氏《珍賞》一書第四五號圖錄一樣，是相當標準的四出頭官帽椅，Mueller心目中的雕塑，該以這對椅子最爲典型，估價一萬八至兩萬五美元，以四萬六千二百美元驚人高價賣出，等於新臺幣一百三十幾萬換兩把椅子。

Mueller的幾件桌案，四一七號的十七世紀黃花梨畫桌，長六英尺多、寬二十四英寸，爲昔日文人揮毫作畫，或展閱長卷之用，得兩萬六千四百美元不俗之價。

■臺灣偏愛清式家具

王世襄的家具書一經問世，引起海外對硬木家具收藏的熱潮，澳門一下開了幾條街的舊家具店。照中共文物法規定，明朝家具不准出口，紫檀、黃花梨木桌椅，更因木頭珍貴在被禁之列，但走私者卻有本事將明代桌、椅、櫃照榫卯拆開，騙過海關出境後再找木工師傅復原，待價而沽，另一種瞞天過海的方式是在古物級硬木家具，塗上一層可怕的紅漆，混過檢查，出來之後，再打磨退漆。

明式家具經香港運入臺灣，從七○年代中期開始，以進口廣東酸枝椅凳爲主，量數不多。一九八五年後，古董商抓住時機，從蘇州、上海附近搜尋的明

式家具，成批空運回臺。

初時物以稀爲貴，一隻黃花梨圍椅（臺灣稱皇帝椅）可賣至四十萬臺幣高價，至今競爭厲害，貨源充足，降至三四千元港幣，新的黃花梨木在珠海新造，才值一千多港幣。古董家具的全盛時期，全臺灣做明式家具的店面高達一千多家，據聞有財團不論新舊，斥資囤積，從一樓堆至六樓，甚爲壯觀。

臺灣買家偏愛雕工繁複、鑲嵌貝殼的清式家具，以茶几、圈椅、交椅、花檯、牀爲主，對黃花梨木並不似西洋人一樣趨之若鶩，但常常將酸枝木誤爲紫檀。其實鑑別酸枝紫檀的方法十分簡易：用刀片刮出少許木屑，點火燒，有酸味的，且煙呈蛇形往上升的即爲酸枝木；紫檀則一煙直上，而且木質緊密度高，其重無比，顏色亦呈深黑。

眞正明代家具的收藏主要來源應該還是拍賣會上，家具爲日用品，容易毀損破壞，傳世遺物不多；加上中共五〇年代「土改」，農民從地主家中抄得家具，任意毀壞洩憤，或將桌椅橫條、椅腿拆卸下來，改做二胡的琴桿、秤桿、甚至算盤；文革浩劫之中，古式家具的遭遇尤其不堪。

三、四〇年代，西方人趕在共黨之先，到北京、上海大事搜括明式家具，飄洋過海，反而在異地保存了下來，人世間的嘲弄，莫過於此！

（1990・6）

紫砂壺拍賣絕響

　　中國的古董文物，在國際拍賣市場中，隨著世人的品味與一時的興趣而有所轉移。明代青花瓷器，由於歐洲收藏家的偏愛，半個多世紀以來，價值遙遙領先；時代更為古遠、表現宋代內斂素雅美學精神的宋瓷，反而難獲收藏家青睞。

　　繼白玉雕熱潮之後，隨著大陸文物走私日盛，元青花一度成為爭相收購的對象。近兩年臺灣買家湧入拍賣市場，清朝官窯的價值屢屢打破紀錄；而一向被正統收藏家斥為雕蟲小技、難登大雅之堂的紫砂茶壺，也因臺灣人喝茶成癖，經常遠赴大陸瘋狂搜尋，不惜重金爭購小如胡桃的紫砂功夫茶壺而價值連城。

　　歷年來國際古董拍賣目錄上，均少見宜興紫砂茶壺，一九七八年蘇富比首開創舉，在香港拍賣五十一件宜興紫砂器，其中十五件明清紫砂茶壺，出自名家之手，壺底均有陶工的款字或印章，最受行家矚目。

　　可惜這次頗具規模的拍賣，竟成絕響，連拍賣目錄亦難以覓得，直到九○年夏筆者紐約之行，才特地到蘇富比總部弄到一份影印本，當做資料。

由於初入此道，蘇富比缺乏專家鑑定，目錄書上指明對紫砂器的年代、陶工款字眞僞恕不負責，但其中明淸著名陶工精品，卻逃不過茶壺專家羅桂祥博士法眼。此次拍賣，百分之八十的宜興茶壺均爲他投得，陳列在他一手捐獻的茶具文物館中，難怪翻開蘇富比拍賣目錄，不少茶具均令筆者有相識之感。

■兩千年的喝茶歷史

　　羅先生蒐集古董茶具，始於六〇年代，一個偶然的機緣，於中環古董店裡，在翠玉珠寶雜陳的貨品之中，他發現了一大堆紫砂茶壺，深爲其不同造型、形狀所吸引。羅先生一口氣買了十幾隻，開始了他茶具的收藏。

　　八一年他將畢生收藏的歷代飲茶器皿悉數捐獻，建立了中國茶具文物館，讓觀衆系統的了解各個朝代品茗方式的變遷。

　　中國人喝茶的歷史，可追溯至兩千年前，最早以茶當藥，據《神農本草經》記載：「神農嘗百草，日遇七十二毒，得茶（古書茶字作荼）而解。」茶樹原是野生灌木，漢代才被認識，唐代始將茶樹移入家中庭院栽種，開元年間，北方禪教盛行，飲茶之風由南方推展到北方，學禪之人以茶提神，飲茶之風更盛。

　　陸羽的《茶經》述及唐人用釜煮茶，即爲粥茶法，

也用「團餅碾屑」點茶，先將茶磨成粉末狀，放入盌中倒入水，再用刷子混拌，日本的茶道即沿襲唐人之點茶法。

陸羽講究茶盌，首推釉色青的越州窯，讚爲類「玉」又如「冰」，使茶色顯得更綠，造型亦佳，邢窯瓷白茶色紅，並不美觀。

宋朝的茶具是盞和盞托，所謂盞，實際就是一種比較小的盌。宋人茶色尚白，喜用黑釉盞，視福建建窯的茶碗，如兎毫、天目滴爲上品，點茶時將茶膏碾細放入茶盞，注水攪動，燦然泛出白色，「碾細香塵起，烹新玉乳凝」詩句即如此形容。

建窯「其坯微厚，燴之久熱難冷」，是爲實用之優點。

■茶壺興起於明代

到了明朝，茶的烹點之法大異於唐宋，許次紓的《茶疏》寫道：｜先握茶手中，俟湯先入壺，隨手投茶湯，以蓋覆定。」茶壺泡茶，成爲明清以來普遍使用的茶具，茶壺的興起，與明代茶葉的製法息息相關，明人不用唐宋必行的團茶，改用炒焙而成的青綠茶，飲用時需要時間浸泡使茶的香味散發顯溢，所以需要有蓋的茶壺浸泡。

茶壺的出現，是爲明代茶具的一大特色。

有趣的是今人常將煮開水的水壺與茶壺相混淆，蘇軾的〈煎茶歌〉中提到「松風竹爐，提壺相呼」，提的是水壺。宋代繪畫，如劉松年的「盧仝煮茶圖」、元代趙孟頫的「鬥茶圖」，都出現這類置於爐上的水壺。

　　到了明代，唐寅的「品茶圖」、文徵明的「茶事圖」，除了煮水候湯的水壺之外，檯上茶壺與茶杯並列。

　　羅桂祥先生捐贈的紫砂茶具，年代最早的一把，為有供春屬款的六瓣圓囊壺，壺底刻有「大明正德八年供春」，約四英寸高、六英寸寬，深褐色泛黃點的壺身，呈六瓣狀。羅氏以六萬元之高價，從七八年蘇富比拍賣購得，價格為是項茶壺拍賣之冠。

　　一般認為供春為宜興紫砂茶具的鼻祖，其實是錯誤的。

　　宜興位於江蘇太湖西陲，古稱荊溪，秦時稱陽羨，因附近茶山茶質精良，從唐宋以來，便設有貢茶院，專製上貢的名茶。

　　唐代盧仝即有「天子未嘗陽羨茶，百草不敢先開花」之語。

　　宜興素有「陶都」之稱，從出土的廢窯址現場，證實遠在東漢時期，此地已有陶作坊。一九七六年羊角山古紫砂窯址的發現，推翻傳說明代供春為宜興紫砂茶具鼻祖之說。

■紫砂壺承襲越窯傳統

其實早在北宋之前，宜興已有紫砂陶的製作，從出土殘片還原，可看出紫砂壺的造型是繼承了越窯系統的傳統。

供春為明初進士吳頤山的書僮，隨主人赴宜興南山金沙寺侍讀，吳之姪孫吳梅鼎在〈陽羨瓷壺賦序〉中，提到供春「見土人以泥為缸，即澄其泥以為壺，極古秀可愛，所謂供春壺也。」吳梅鼎以為紫砂器並非始於供春，只是到了他手中精工提製而已，供春把金沙寺旁的大銀杏樹的樹癭作為壺身的花紋，燒出了「指螺紋隱起可按」，色澤老枯、呈斑駁痕的供春壺。

茶具館中有今人徐秀棠仿製供春生前之代表作，紫砂「大供春壺」，又名「樹癭壺」，即是取材自白果樹樹癭的質感。

繼供春壺問世之後，名手輩出，「明四家」之一的時朋，所製紫砂壺造型古拙奇特，拍賣目錄三○四號刻有「時朋」的茶壺，壺蓋為水仙花狀，壺身分六瓣，賣得一萬七千港幣。

萬曆時的李茂林，擅製小圓壺，手藝高絕，被認為是供春的勁敵。蘇富比宜興茶具拍賣第三一六號即為李茂林的菊花八瓣壺，造型優雅，羅先生以兩萬三千港幣購得，為茶具文物館增色不少。

時朋之子時大彬，不追隨其父，卻奇妙的拜供春為師，後來製壺技藝，與師齊名。據《文人茶藝》序文所述，時大彬直至八十幾歲高齡，仍孜孜不倦於茶壺之塑造。

■壺小才能留住香氣

明清筆記稱讚時大彬之壺「敦樸妍雅實兼其長」，若論創意，則非他的印包方壺莫屬，這件造型奇特、壺蓋猶如一方巾包捲的茶壺，極為袖珍。相傳時大彬早期仿供春製大壺，後來與文人品茗試茶，改製小壺，以便點綴在精舍几案之上，一人一壺，符合文人茶客美學趣味。

而且「茶注宜小不宜大，小則香氣氤氳，大則易於散漫」，茶客視這件印包方壺為人間極品；七八年羅氏以三萬港幣自拍賣場購得，目錄上稱美國華盛頓弗里爾美術館藏有類似之物；此器底部刻有「墨林堂大彬」五字。

三一八號的玉蘭花六瓣壺，狀如一朵倒轉的玉蘭花，壺頸如花萼，徐徐向下舒展開放，底部刻有「萬曆丁酉春時大彬製」，拍賣五萬八千港幣，僅次前述供春款的六瓣圓囊壺，為該次拍賣第二高價——五萬八千港幣。

紫砂壺泡茶「既不奪香，又無熟湯氣」，泡出來的

茶不失原味，色香味皆蘊，明初以來，文人視之「珍
同拱璧，貴如砂玉」，出自供春、時大彬等名家之茶具，
頗受時人寶愛。

時大彬尤爲製壺名家中之翹楚，明清筆記稱他「爲
人敦雅古穆，壺如之，波瀾安閒，令人起敬」，兼具樸
拙、精緻之風，殊爲難得。李茂林之子李仲芳跟隨時
大彬學藝，作品便漸趨文巧精工，世傳大彬壺亦有出
自仲芳之手，歷來更有「李大瓶、時大名」的說法。

時大彬的另一高足徐友泉，壺藝造型另有突破，
喜歡仿效古青銅器物，如尊、罍的形制。泥色也變化
多端，如此技藝，卻自謙爲「吾之精，終不及時（大
彬）之粗也」！

三一七號仿青銅器三足爐造型小壺，鈐「友泉」
之印，得一萬五千元。

三二○號的「虎錞壺」，刻有「萬曆丙辰七月友
泉」，古色形制亦受銅器啓發，得一萬四千元。

■宜興壺清代更蓬勃

徐友泉曾住吳梅鼎家，除茶具仿鍾鼎彝器之外，
亦喜以紫砂陶製青銅器物，儼如銅器。

明末婺源人陳仲美，初爲景德鎮瓷工，後改業製
壺，捏製之紫砂壺出人意表，三○三號刻有天啓年製
之壺，四足爲龜足，壺嘴爲古獸面具，賣一萬六千港

幣。三○八號亦爲天啓甲子年製，壺柄飾有神獸浮雕，嘴爲雞嘴，怪趣之至，得二萬八千港幣。

陳仲美鬼斧神工，可惜早逝，遺下紫砂捏造神獸各器，令人嘆絕。

宜興的紫砂壺到了清代，更爲蓬勃，康熙年間的陳鳴遠，壺藝特技在於雕塑裝飾，憑一技之能，陳鳴遠「足跡所至，文人學士爭相延攬」，被譽爲時大彬後第二人。

蘇富比拍賣中，陳鳴遠的紫砂器佔最多數，但除三○一號的葵花八瓣壺（得港幣兩萬一千元）、三○五號的七瓣南瓜壺外，其餘均爲他仿造爵、鼎、酒杯禮器。

這位清初名家似乎偏好在紫砂器上刻詩句，三三一號方形酒杯，雋秀書法刻「斗有酒，藏之久，爲君子有。」南瓜壺身上亦有摘自蘇東坡詩句「骨清肉膩和且正」，形容壺泥質佳而滑膩，整體和諧正氣。

這件七瓣南瓜壺爲羅氏夫婦自藏。

蘇富比拍賣的宜興壺，年代均爲明代、清初名家之作，而且壺底多有陶工的款字或印章，這也正是羅桂祥先生幾乎悉數收藏的原因。乾隆以後的製壺名家人才輩出，如嘉慶時的楊彭年，不用模子，隨意捏成而富天然之致；由楊氏製壺，書畫家陳曼生用竹刀在上面鐫刻書畫，兩人合作的「曼生壺」，被譽爲「字依壺傳，壺隨字貴」。

道光、咸豐年間，邵大亨、羅玉麟各有所長，在茶具文物館中各領風騷，為羅先生各地搜購而得。十七世紀外銷歐洲的紫砂茶壺，因其顏色被命名為「紅色瓷器」，亦在展品之列，是羅先生趁旅行之便，努力讓當年飄洋過海的文物，不斷回流。

■閒來品茗雅趣多

　　宜興紫砂茶壺依造型分四種：一為幾何形體造型，俗稱光貨，又分為圓器、方器兩種：圓器要求達到圓、穩、勻、正；方器要求線面挺括平正，輪廓線條分明。

　　二為自然形體造型，俗稱花貨，就是模擬自然形態，如松竹梅壺、荷花壺、南瓜壺等。

　　三為筋紋器造型，特點是將形體分作若干等分，把生動流暢的筋紋組成於精確嚴格的結構之中，形成完美的整體。

　　四為水平壺造型，即是廣東潮州、福建一帶喝功夫茶的茶具，因小壺飄浮於熱水中故名。

　　臺灣茶藝館，沿襲閩南風俗，施鴻保《閩雜記》云：「漳泉各屬，俗尚功夫茶，茶具精巧，壺有小如胡桃者，名孟公壺，杯極小者，名若深杯……飲必細啜久咀。」所提小壺即水平壺。

■清談風月學古人

　　筆者附庸風雅，每次回臺北小住，總為茶藝館風情所吸引。儘管瓦斯爐上烹煮的水，既非文人講究的醇而白的梅雨，又非冽而清的秋雨，更距甘泉遠矣，但盤腿臨窗而坐，一杯在手，與三兩舊友暢談人間閒事，情趣不在昔日茶客迎著松風明月、清談吟詩之下。

　　只可惜每回行旅匆匆，在茶藝館品茗，始終沒能達到玉川子「五碗肌骨清、六碗通化靈、七碗吃不得也，唯覺兩腋習習清風生」的境界，殊為可憾。

　　回港後，步出半山紅棉道茶具文物館，忽發奇想，如若在西角花圃修築一座茶寮，茅草篷頂，一如古畫涼亭之風情，與三五好友坐在茶寮烹茶品茗，重享昔日文人茶客之雅趣，則一定妙不可言。

（1990・8）

中國古佛雕

■回歸的心路歷程

　　覺風佛教藝術文化基金會出版了一本內容、印刷均無懈可擊的《中國古佛雕》畫冊，大部分圖錄來自紐約收藏家陳哲敬的珍藏。

　　這部大型精裝畫冊，文字資料詳盡，十多篇談論佛教雕塑藝術的各家專文，圖錄後又有兩篇紮實論文述及中國史前至秦漢石雕藝術，及北朝造型藝術中人物形象的變化。

　　撰文作者涵括海峽兩岸及歐、美華裔雕刻家、美學家，而熊秉明、張充仁誠實的自白，更是道盡「五四」以後中國知識分子文化回歸的心路歷程：鴉片戰爭後西潮強勢下，國人失去民族自信心，對敦煌、雲岡、龍門等先民藝術家精心塑雕的佛像藝術，鄙斥為迷信、落伍的工匠小技，反之一味膜拜歌頌古希臘、羅馬雕刻之不朽偉大。

　　熊秉明等是到意大利朝聖西方藝術，受異邦教授

點化，才回頭審視先人絕技。

　　年輕一代的陳哲敬，對中國文化的自省和回歸，亦一樣崎嶇。他早年隨張充仁學西洋雕塑，傾心於米開蘭基羅、羅丹的傑作，足跡踏遍歐、美各大博物館，讚嘆西方雕塑；六〇年代他移居紐約，嘆賞希臘、羅馬驚人藝術成就的同時，才連帶注意到情調迥異的中國古佛雕。

　　陳哲敬開始把眼睛由西轉向東，細看祖先的文化遺產，逐漸爲雲岡、龍門佛雕的藝術魅力所迷。

　　自此，他放棄自己的雕塑創作，一年幾次到世界各地搜集當年被西方列強劫去、又棄置一旁的佛頭殘肢，以搶救無人眷顧的古佛雕爲職志，三十年如一日。

　　「若不即時搶救，」他語重心長地說，「我們就要失去民族傳統雕塑藝術的根苗了。」

■歷遭劫難的佛教石窟

　　回顧歷史，佛教遭過「三武一宗」四次破壞，最早唐武宗會昌年間，佛、道、儒各教門鬥爭，演變成滅佛法、毀佛寺之禍。

　　北宋時，佛教已不及五代以前盛行，君民轉而信奉道教；南宋儒學復興，禪學尤盛，彼時佛教在印度已瀕於絕滅，梵僧不再來華宣揚佛法，石窟、佛廟的修建逐漸式微，宮廷、文人對佛雕、石刻也不重視，

使之淪入工匠之手，產生的作品與晚唐以前，雕刻家同時也擅繪畫的藝術傑作自是兩樣，佛雕的素質自此大降。

　　元代蒙古人入主中原，排除異己，毀滅不同的信仰，寺廟佛窟首當其衝，元人遊記中提到龍門石窟幾乎遭人破壞殆盡。筆者也曾在吐魯蕃伯孜克里克千佛洞，目擊壁畫殘片畫上的大叉叉，那是蒙古人憎恨異教徒的痕跡。

　　明清以後，各大佛窟多半荒廢，至清末又遭兵火破壞，加上風雨地震等自然災害，雲岡、龍門等佛窟崩塌嚴重。雲岡石窟被附近居民用來當做馬房、廁所，洛陽的龍門石窟、鞏縣石窟變成停靈柩的所在，難民視為臨時避難所，鞏縣石窟的寺廟甚至一度變成關帝廟。

　　淹埋於荒煙蔓草，被國人遺忘的各大佛窟，到了本世紀初，卻成為西方列強虎視眈眈搶奪的對象。他們派考古學家到西北、華北探路挖掘：受聘於英國的匈牙利人斯坦因，於光緒二十六年（1900），先後盜剝吐魯蕃伯孜克里克千佛洞壁畫一百多箱；第二次到敦煌，從無意間發現藏經洞的王道士手中，盜騙七千卷文書經卷、五百餘幅壁畫，經由印度運往大英博物館。

　　法國人伯希和聞風而至，於一九○八年盜去經卷文書六千餘卷，壁畫無數，致使巴黎成為研究敦煌學中心。以後日本人橘瑞超和吉川小一郎，俄國人鄂登

堡相偕前去劫走遺留下來的經書。

德國的格路維德・勒可克挖剝吐魯蕃、庫車石窟壁畫。庫車的克彌爾千佛洞，開鑿於三世紀，比敦煌還早，其中珍貴西域舞蹈文物——第三八號龜茲樂隊壁畫——盜去後印成畫冊，居然回流銷售。筆者曾經立於火焰山旁，翻閱畫冊，想到被毀壞只賸蜂巢般千瘡百孔的洞窟，不免痛心。

雲岡石窟從北魏開始，經過一千五百多年的天災人禍，更難逃西方列強貪婪的毒手，被盜竊、打壞的佛頭、佛像，竟達一千四百多個；第十五窟三尊精絕的北魏菩薩，整座被鑿走。

洛陽龍門石窟，災情同樣嚴重，一次被盜走十八尊大型佛像，小佛無數；浮雕「帝后禮佛圖」，整幅被剝，與雲岡北魏菩薩同陳列於紐約大都會博物館。

四川廣元石刻，英人色迦蘭前去盜竊和拍照，印成畫冊，為盜寶賊引路，原本一萬七千多尊佛像，至四九年只賸下了七千尊。

山西太原天龍山石窟，英美人勾結古董商鑿去大批佛像，窟內殘存的菩薩頭部全失，飛天亦多被斫去。

日本侵略中國，大設山中商會集團，公開收購文物，論價而沽，整船從中國載走，佛雕、鎏金佛像流入日本無數。

抗日戰爭時，據上海的古董商回憶：

「足有十幾年沒見過一件像樣的雕刻。」

「早就被拿光了。」

■現代玄奘風塵僕僕

　　這批本世紀初竊劫往海外的佛像文物，最初以巴黎為集散地，還舉行過拍賣。照說法國人向來重視雕塑藝術，但他們的審美觀仍以希臘、羅馬雕塑為準繩，加上文化優越感的心理作祟，故此排斥東方人造型的佛教雕像，對佛學思想由於無知而盲目鄙視，隨便棄置在古董店的角落倉庫內。

　　當年巴黎一個古董商盧芹齋，著書中曾有這麼一段：「北京來了八件與人等高的石雕，因無買主，便運到巴黎，亦無人問津。一九一四至一五年多，我只好拿照片到紐約找買家。」

　　二次戰後，古佛雕市場才從巴黎轉移至美國。

　　一心想搶救文物的陳哲敬，行跡遍各地，從古董店、私人收藏、歷年古物拍賣會中尋求流落民間的石雕精品。

　　由於著名石窟的大型佛像和造像碑，多已藏於歐美各大博物館，他只好蒐覓流落海外的藝術性高的小石雕。每看到有眼無珠的歐美商人，拿北齊、隋唐的佛頭裝燈當燈飾，陳先生寧願買下轉讓給識貨的人，也不願目睹中國文物如此受糟蹋。

　　這位求佛心切的現代玄奘，三十幾年周遊列國不

中國古佛雕

惜代價、盡心蒐集的結果，爲國人保留了從魏晉以降、隋唐盛朝、至宋遼各代佛像石雕、木雕精品，不僅量數可觀，其中更不乏重要的稀世文物。

敦煌的泥塑卻不在他藏品之列。儘管先民藝術家在沙漠中就地取材，捏製泥塑、外敷彩色的彩塑，不僅爲佛教之國的印度所無，藝術性亦絕不低於希臘、羅馬雕刻，但學雕塑出身的陳哲敬，偏對雲岡、龍門石雕情有獨鍾，他特別嘆賞雲岡石窟的北魏雕刻：這些作品既延續秦漢遺風，又受到印度犍陀羅佛教藝術的影響，早期雕塑粗獷、線條簡潔、衣紋貼體透肌、質感強，具遊牧民族的風格。陳哲敬藏品中一件砂岩菩薩頭，雕法典雅含蓄，已從雲岡初期的深目隆鼻，發展出中國傳統的風味，菩薩面如滿月，彎曲的眉弓，眼睛兩條線有如書法，小嘴淺笑，恰到好處。頭像的高妙在於他的不寫實，以形寫神，神韻生動。

北魏中期，京城從大同移至洛陽，開鑿了龍門石窟，陳哲敬藏品中一件龍門石灰岩的飛天頭，挽高髻、大耳長頸，秀骨清像，眼縫弧曲，輪廓清晰，與前述雲岡菩薩頭的朦朧、不可捉摸之美，情調各異，是北魏晚期的極品。

唐代文明臻至圓熟高峰，佛教鼎盛，石窟香火不斷，陳哲敬的唐代佛頭、菩薩坐、立像收藏皆屬博物館級的傑作。細看那些智慧圓融、清淨自在的佛陀、觀音，令人嘆賞不止。

■藝術巔峰的天龍山石窟

　　山西太原的天龍山，因北齊建天龍寺而得名，「其
佛就山石爲之，高數丈，覆以飛閣」。從東魏開始鑿刻
石窟，隋唐極盛，到晚唐太原失去北方重鎮地位才衰
落，至今二十一窟見不到一具完整的佛像及飛天，只
倖存石窟廊前仿木構的建築，爲隋代風格。

　　唐代天龍山石雕被譽爲中國佛像雕刻的巔峰，佛
像從嚴裝束裏中掙脫出來，如實地展現了人身的體
積，一反前朝層層包裹、避免暴露肉體的風格。

　　陳哲敬珍藏的天龍山菩薩頭像，高眉長目，神情
嫵媚，脫離了佛教雕刻的嚴肅法相，人味很重，是人
類完美的化身。最令人嘆服的是天龍山的雕刻家，把
砂巖石塊刻出肌膚質感，菩薩相下頷及頸部三道蠶節
紋，好像伸手觸摸，可摸到它的膩滑。當年舊金山某
收藏家把這件菩薩頭移交給陳哲敬時，曾語重心長的
說：「天龍山石窟爲中國諸石窟中享有唐代雕刻藝術
頂峰之美譽，可惜已被盜竊殆盡，無一完整的佛頭了。
這件菩薩頭像乃天龍山之瑰寶，望將來能留傳給中國
人！」

　　陳哲敬最大的心願是把被劫割的佛頭捧回石窟，
安放在其引頸以待的殘軀上。

　　現存木雕佛像，以宋代最爲常見，陳氏藏一尊二

〇三公分的唐代木雕菩薩，右手執蓮枝、左手托寶珠，黑臉紅唇，袒露上身，腰細性感，三道彎立姿，令我憶起印度阿旃陀的雕像——同樣豐滿的、肉感的身軀，是人間的夢想。

但藏品中最佳的木刻傑作，卻是那尊宋代木雕妝彩的觀音半跏坐像。「這尊觀音高二〇〇公分，高度相當頭長的五倍，符合解剖比例。觀音容貌端莊秀麗，神態慈悲安詳，敷彩華而不躁，氣宇典雅不凡」。陳哲敬認為是「傳世北宋佛教造像中罕見的佳作」。

最贏得筆者之心的是那尊黑石灰巖的唐樂伎，盤腿而立、雙腳赤裸，仰面鼓腮吹著樂器，神情率直，可愛至極，勝過嘟嘴的胖女陶俑。這尊與宗教無關的樂伎，露出刀刻的鑿痕，石面保留粗糙斧劈，並不打磨使之光滑，為中國石雕少見。

闔上這本《中國古佛雕》，感慨繫之，神州大陸佛像石窟徒留千瘡百孔，破壞仍在繼續，僥倖存世的佛雕藝術，仍遭冷落。據聞北京故宮堆置唐代重要的曲陽白石造像，至今未獲知音整理研究。哲敬堂這批古佛雕珍藏，流落異國，長年冷置保險櫃。促使此書問世的楊英風教授，盼望它的出版，對於「推動現代中國雕塑藝術回歸民族美學，將有莫大裨益」。

然而，紙上談藝，特別是三度空間的雕塑，終嫌不足，希望收藏家陳哲敬繼八四年歷史博物館展覽，更全面地將稀世珍藏公開展出。如臺灣博物館能闢室

元
木刻加彩觀音

宋
木雕觀音

永久收藏，當功德無量。這批文物能夠有朝一日回歸國人，想來也是陳先生收藏的初衷。

■佛雕有價

歷年來在拍賣市場中，佛像流轉，以鎏金銅佛最為活躍，明、清以來，鑄造業發達，產生了大批寺廟及家中供奉的小件銅佛。今年五月蘇富比拍賣一件罕見的巨大明代鎏金禪坐佛像，出自皇宮廟宇，形體之大，極為罕有，估價二百八十萬至三百五十萬港幣，結果以四百九十萬賣出，打破鎏金佛像紀錄，由篤信佛教的香港收藏家捧回去供奉。

妖嬈多姿的西藏喇嘛教銅佛、天王神像，更是西方藏家爭相競投的對象，價錢亦不俗。

近兩、三年來，此間的翡翠玉器拍賣，招來了愛玉的臺灣藏家，屢屢刷新玉器的紀錄，翡翠觀音像尤為搶手，五月拍賣，一尊翡翠玉觀音便超出估價三倍，以四百五十一萬港幣賣出，落入臺灣藏家手中，為拍賣會第二高價的佛像。刷新世界紀錄的是去年一座高十八吋半的晚清御製翡翠文殊菩薩坐像，以港幣九百六十八萬成交。

臺灣供奉觀音的風氣極為普遍，德化的白瓷觀音，縱使年代淺近，亦非出自名家之手，也不愁找不到供奉者，近年來價格飛躍上升，升值率為其他工藝

品所不及。

　　瓷器觀音拍賣價值的紀錄保持者，爲一尊六七公分高的元朝影靑觀音，得三百三十萬港幣的驕人成績。

　　相形之下，具有重要歷史價值的古代佛雕石像，至今仍未獲國人靑睞，石雕造像不及鎏金、翡翠保值，符合港、臺人士藝術投資的心理。但石窟佛敎藝術，除宗敎信仰之外，涵括中華民族的美學、文化哲思，除非苦心研習，難以進入堂奧。

　　石雕體積龐大，沉重無比，搬運困難，早年流落海外的造像石碑，大都爲博物館永久收藏，輕易不可能轉賣。文革後，大陸走私文物猖獗，小件鎭墓石獸給盜運出境時有所聞，但像本世紀初期那樣，列強與古董商勾結，砍盜雲岡、龍門石窟石佛，堂皇裝船運出，畢竟是不可能的了。

　　種種原因使石雕拍賣一直屬冷門行列。

　　翻閱歷年來紐約、倫敦的古佛石雕拍賣目錄，等於重看悲愴的中國近代史以及列強的野蠻行徑。從雲岡、龍門、天龍山等各重要石窟盜竊而來的造像，列隊等候出沽，除極少數完整的佛像、菩薩及造像碑之外，更多的是從頸部被狠狠砍鋸下來的頭像。

　　僅賸頭部的如來、觀音，大概仍然一本慈悲心腸，寬恕使他們身首異處、不該獲寬恕的竊賊吧？

■幾次重要的拍賣

截至目前為止，規模最大的中國重要古佛雕拍賣，似是八五年六月在紐約舉行、為戴潤齋基金會籌款那次。三十四件雕刻，與佛教有關的佔絕大多數，包括東魏的砂石佛、菩薩造像碑、北魏龍門石灰巖坐佛像、唐代精絕罕見的砂石菩薩坐像、北齊砂石菩薩大首像、第六世紀加彩石觀音首像……每一件都是不應該外流的歷史文物，每一件都有估價，等候買家。

戴潤齋是繼盧芹齋之後，經營佛雕的行家，紐約大都會博物館 Sickler 捐贈的古佛雕便是由戴氏轉手的。陳哲敬也是靠他的引介才涉足佛雕蒐集的殿堂。

戴潤齋藏品拍賣，有兩件天龍山風格石雕，第八號的唐代砂石坐佛像，高六六公分，臉相為盛唐典型，祖露有彈性柔軟起伏的胸腹，薄薄衲衣左肩輕垂，衣紋如書法線條，稜利富生命力。洛杉磯博物館亦收藏類似的大理石坐佛，估價十八萬至二十二萬美金，以二十二萬美金賣出，為這次拍賣最高價。

二十一號隋朝天龍山的砂石佛大首像，四〇公分，線條簡單，淺刻兩道彎眉如書法，做沉思狀，鼻下嘴小微咧，面貌平和可親，望之心靜，兩片大耳低垂，平衡了寬坦圓臉，砂石頭像，仍刻出肌膚質感，頷下一道蠶紋，盡現人間情懷。

這件天龍山石雕精妙之作，估價十萬至十二萬五千美元，未能找到買主。

八六年十二月紐約拍賣的目錄，封面亦是一尊高三七英寸的無頭唐菩薩立像，臂僅賸雙肩。這尊菩薩殘像，臀部向右，左膝稍彎朝左，立姿如印度神像的三道彎式。菩薩袒露上身，胸前佩飾瓔珞，肚腹裸露於裙帶之外，肌膚飽滿，實體質感絕不遜於以寫實逼真爲主的古希臘、羅馬雕塑。由於頭部已失，殘肢失去神性，表現出豐滿性感的女體。

去年十二月蘇富比在倫敦協助英國鐵路局退休基金會的收藏拍賣，一件北齊矸石造像碑，高一三三公分，估價二十八萬至三十五萬英鎊，結果以八十五萬鎊高價賣出，折合港幣‧千多萬元，打破中國石雕佛像的拍賣紀錄。

這件大理石造像碑，陰陽兩面刻工精細繁複，極爲罕見，碑陽主尊立佛，雙目低垂，立於蓮花座，臉露至樂微笑，僧衣線條流利，雙手已失。佛像身後舟型背光，飛天環繞，圓形頭光分內外二圈，雕飾蓮花、忍冬圖案，佛兩旁有四尊者。碑陰舟形浮刻三十五尊小坐佛龕，中央主尊坐佛，兩旁菩薩分別侍立。碑陰、陽兩面殘存飛金、紅、綠、黑等顏色。

同次拍賣三二號的武士首級，唐朝大理石刻的，高二四公分，武士圓臉飽滿，突眼隆鼻，頭戴盔帽，神情威武。這件唐代武士精品，原從陝西廟中一尊武

士像砍割下來，流落海外，從一九六九年幾度出現拍賣，估價三萬至四萬英鎊，賣價則爲五萬二千英鎊。

(1990・10)

香港佳士得春季拍賣

　　三月（1991）太古佳士得在香港舉行的春季拍賣，
總成交額爲八千四百多萬，較去年十月的拍賣額少了
三千萬元。瓷器部分最令人矚目的是五〇六號的南宋
哥窯八方壺，以一千一百萬港幣被荷里活道大成占玩
公司拍到，據聞是幫一位不願公開姓名的收藏家舉手
投得的。

　　這件哥窯八方壺爲佳士得在香港拍賣的最高成交
價，打破明成化青花宮碗之紀錄，亦爲佳士得宋朝瓷
器拍賣的世界紀錄。

　　哥窯爲南宋五大窯之一，窯址至今未被發掘，這
件八方壺爲現今所知最大的哥窯瓷器，高二六點六公
分，亦首次出現拍賣，賣主爲一美國人，表示對拍賣
結果滿意。

　　受宋徽宗仿古復古審美品味的影響，南宋哥、官
窯造型不少仿造商周秦漢銅器。這件八方壺造型仿漢
代銅器投壺，壺身青黃色釉面上，交織黑、米色的線
紋，即文獻記載的「金絲鐵線」，燒造過程中因胎釉的
膨脹不同而自然裂開所致。

經過熱烈競投，中環太子大廈的黎氏古玩公司沒拍到八方壺，轉而以六百一十六萬港幣拍得清康熙五彩十二花神杯一套，爲此次拍賣第二高價。目錄封面的乾隆粉彩鏤空六方瓶，以二百七十五萬爲私人買家收藏。

　　一尊宋代木雕觀音半跏坐像，垂目自在，望之心靜，得二百三十一萬元；一套翡翠首飾亦以同價賣出。

　　波斯灣戰爭結束，一掃去年十月拍賣之陰霾氣氛，中國古董瓷器市場似有回復活躍的跡象。有個現象不容忽視，稀罕之精品仍屹立高價不墜，但一般之物價格跌幅驚人。

　　「眞正的收藏家沒變，底層的變了。」這是佳士得的結論。今年一些抱著炒股票心態投機文物市場的，已然銷聲匿跡。

■繪畫市場漸趨國際化

　　十九、二十世紀中國繪畫拍賣目錄，從去年十月兩大本縮水成一本，共二百七十件，結果賣出一百七十六件，一九〇號齊白石的「紅柿圖」抽出，成交爲二千四百一十六萬，佔拍賣總額的四分之一。

　　此次字畫估價極爲保守，較之行情飛漲的前兩年降低不少，饒是如此，十八日早上的拍賣空氣沉悶，

競投者似乎意興闌珊，令收藏家、關心字畫市場的行家捏一把冷汗。幸而下午的拍賣氣氛稍見熱烈，看來字畫市場仍處調整期，買家多採觀望態度，賣主因畫價下跌不肯交出拍賣，致使精采佳作不多，如此惡性循環，估計明年下半年應有好轉之跡，但拍賣行對這次字畫結果「相當滿意」。

值得一提的是十件貴價畫作，居然有四件被紐約一家古董店買去，這家座落於麥迪森大道洋人經營的古董店，專門以買賣東方文物藝術為主，歷來只對中國古畫有興趣，此次破例一口氣拍了傅抱石的「雪苑風花圖」（一百零五十六萬）、「寫歐陽修秋聲賦詩意圖」（九十九萬）、張大千的「荷花」（四十一萬八千）、李可染的「煙雲山水」（三十九萬六千），一擲三百萬港幣而面不改色。其餘不願公佈姓名的外國收藏家亦較過往踴躍，顯然中國水墨畫市場漸趨國際化，已成不爭的事實。

張大千七十五歲所作的「樂遊谷」，是一八七公分寬、九七公分高之青綠潑墨潑彩的橫幅巨作，附詩一首，另外裝框，斗大的書法敘述此作之緣起。「樂遊谷」為美國加州一地名，大千居士寫生贈給王天循，畫面左下角屋脊微露，即為王氏之希風堂。柿葉正紅季節，畫家以排山倒海之姿，潑灑濃得化不開來的石綠、石青，表現幽谷群山之蒼翠，白雪覆蓋山巔，白雲翻滾山腰，氣勢逼人，為他晚年力作之一，陳列拍賣場中

傅抱石
寫歐陽修秋聲賦詩意圖
135×33.5公分
估價　90～100萬港幣

傅抱石
雪苑風花圖　78.5×229.5公分
估價　120～150萬港幣

最顯眼的位置，不容錯過。

拍賣結果這幅以日本定作的仿宋羅紋紙所繪的
「樂遊谷」，以二百八十六萬港幣拍出，高於估價六
成，是香港嚤囉街的樂古畫廊代收藏家舉手買的；拍
賣槌一敲，全場鼓掌。八七年樂古畫廊曾以近兩百萬
港幣之高價拍到吳冠中的「高昌遺址」而名噪一時，
使吳氏至今仍爲在世畫家畫價紀錄的保持者。

此次拍賣，張大千以三十件畫作名列第一，但有
一半未能賣出，包括估價七十至九十萬之工筆重彩人
物畫「明妃出塞圖」，此畫左上角一段長題，說明此圖
爲他哥哥善子手創之稿，設色則仿唐人之法，創作的
時間是一九五○年夏，地點在印度大吉嶺。他用尼泊
爾紙，憑記憶用白描勾勒善子的稿本，但只得原作人
物之位置，兩年後從行篋中翻出重又點染，色彩與敦
煌壁畫同，光豔奪目。

引人入勝的題跋，線條板滯的畫面，用色新穎強
烈，叫到五十二萬，未能拍出。

■林風眠後來居上

齊白石十九件作品，以八○號的仿石濤山水八開
水墨冊頁最爲重要。爲一九二二年白石六十歲時，臨
寫友人出示之石濤水墨山水冊頁，他在扉頁一段長題
中寫道：對董其昌、石濤之文人筆墨雖敬重，但無心

摹仿，友人出示石濤早期山水冊頁，不忍拂逆，只好摹之，自覺無法得心應手。

此冊頁三次易主，八十歲又題，每幅作品配有溥儒對題詩，張大千、黃賓虹、陳半丁、胡佩衡等作題首跋尾。

拍賣場上對這套冊頁有些議論，但著名書畫鑑賞家徐伯郊先生認為是真跡，並稱此冊頁來自大陸，估價一百至一百二十萬，結果找不到買主。

另一幅畫於六十四歲的「紫藤」，墨枝槎枒，初開的紫藤淡雅宜人，與齊白石常畫的怒放紫藤又有別一種情調。胡佩衡在《齊白石畫法與欣賞》一書中提到與齊老同到北京公園賞花，發現北方紫藤葉子未長，已然先開花，齊白石觀之良久，並說在南方花葉齊開，他花了比平常多五倍的時間來處理只開花不生葉的紫藤構圖。

這幅淡雅怡人的「紫藤」估價二十至二十五萬，也未能賣出；一七六號「紫藤蜜蜂」、二六二號的「紫藤小雞」亦均無法與八九年的高價競投相比較。

順便一提，一二二號的「紅日高松」，紅太陽下老辣的松枝，有一段王雪濤題辭，王氏以娟媚之花卉著稱，未曾見此粗獷有力之筆法，幾位行家懷疑此畫出自白石之手，因用筆近似，究竟如何不得而知，但以一萬五千元港幣收藏此畫，絕對值得。

林風眠的畫價是近兩、三年來才行情上漲的，佳

士得負責書畫的馬成名以林氏的「裸女」為例：「八五、八六年仍乏人問津，八八年紐約拍賣，估價一千美金，結果以七千賣出，現在值二萬美金。」

　　這次林風眠十八件作品另闢一室陳列，儼然如一小型畫展，頗吸引觀者，風景、靜物、仕女、花卉……幾乎網羅全部題材。除一一五號的「裸女」、兩幅風景畫，其餘大多為六、七〇年來港前之作品。三幅靜物「盤魚」、「瓶花」、「蘋果水壺」，筆觸大膽粗放，黑色運用尤其獨到，可惜構圖與情調使人聯想到馬諦斯，結果十八幅僅賣出七幅。喜愛林氏藝術的朋友認為此次佳作欠缺，故大部分未能拍到底價。

吳冠中　高原窰洞人家
67.5×91公分　估價　40～45萬港幣

今年是羊年，任伯年應景的「三羊開泰圖」，作於四十七歲，連同趙少昂題的設色金箋花鳥四屏等均被收回，任氏十件作品，藝術性一般，難怪只兩件找到買主。

吳昌碩的蘭花太常見，倒是一幅「竹石圖」，書法入畫，精神十足，六十九歲寫的篆書對聯，估價二萬五千，大爆冷門，以八萬二千五百賣出。吳冠中八件作品，僅「江南水鄉」收回，一六〇號的「高原窰洞人家」北京榮寶齋八七年出版過，得四十四萬港幣，佔第八名高價。

■「秋聲賦」最為我所喜

這次拍賣的贏家是石魯，四件全高於估價拍出，其中「清荷」曾出版於北京人民美術出版社，「補衣姑娘」被認為是石魯精品，近四十萬賣出。

此次拍賣以畫軸佔絕大部分，不像前兩次，非得花上大半工夫坐下，才能草草閱畢堆積成山的冊頁、長卷。細觀二百七十件名家之作，最為筆者心動的是傅抱石的「寫歐陽修秋聲賦詩意圖」，風捲秋樹，歐陽修獨坐書齋，意境美絕，畫上小行書法全錄秋聲賦。

此外中年畫家賈又福、楊延文、石虎、江宏偉成績均不俗。

(1991・3)

八大與石濤

　　五月底（1991）紐約蘇富比中國古畫拍賣，最受行家側目的是第三三號八大山人「荷花」紙本立軸，估價二十至二十五萬美金，第三四號一套石濤山水設色紙本十開冊頁，估價與八大山人「荷花」一樣。

　　歷年來紐約兩大拍賣行偶見八大、石濤之作，八九年五月蘇富比一套石濤水墨花卉十開冊頁，精神躍然，爲少見佳作，結果以超過五十萬美金高價拍出，此次這套山水設色冊頁亦爲拍賣場上空前僅見，估計歐、美博物館將出手競投，雖說正值藝術市場不景氣之際，但賣價應當不俗才是。

■難得一見的八大精品

　　八大山人之畫作更爲稀罕，蘇富比古畫拍賣十一年間，才拍過八大兩幅花鳥畫、一件山水手卷中之一段，以及一幅字。此番一幅五尺多荷花中堂，乃罕見之八大精品，居然待價而沽，收藏家聞之，莫不雀躍。

　　石濤、八大同爲生不逢時的明朝宗室，兩人境遇

抱負、藝術風格極為相異。八大為明太祖第十七子寧王朱權的後裔，江西南昌人，祖輩長於書畫，自幼即受薰陶；明亡時，八大已十九歲，放棄功名出家為僧，取「八大人覺經」之「八大」為號；八大與山人聯寫一起，似「哭之」、又似「笑之」，以之寄寓國亡家破哭笑不得之隱痛；他足不出南昌，不應酬清朝官吏，佯裝瘋癲作啞，破袍敝屣狂奔街市，但貧民求畫，有求必應；後來他放棄佛門成為道士，修青雲譜道觀，蓄髮娶妻。

八大的書法開闢了一種新的情調，狂草更自成一家，山水畫師法黃公望、董其昌，受後者影響尤大，用乾擦而得畫面之滋潤明潔，與董其昌之用濕筆有異曲同工之妙。

他的花鳥畫豪放中有儒雅，以極少筆墨表現極複雜事物，而畫面不嫌空疏。八大畫鳥只畫一足，眼珠向上，白眼看青天，一副憤世嫉俗不平之氣，其下有光禿的頑石，象徵清朝江山搖搖欲墜，石上蹲著兩隻有花翎尾巴的孔雀，以之暗諷戴花翎上朝巴結主子的官員；諸如此類，細心的研究者每有發現。

八大簽押題詩隱諱，乃為躲清朝文字獄所致，今人努力研究，始能一知半解：如他將三月十九日明崇禎煤山自盡之日組合成一字，以之紀念明朝。

今年一月耶魯大學美術館展出一百多幅八大山人遺作，由研究八大的專家王方宇策劃，美國觀眾忙著

將佯裝瘋癲的八大比喻做梵谷，而參加學術研討會的
衰衰諸公也忙著發明理論解釋畫家謎一樣的題簽，可
謂藝壇盛事。

　　蘇富比這幅「荷花」亦在展覽之內，畫上僅題「寫
為治老年臺」，無註明年代，研究者根據兩件類似之
作，定「荷花」為一六九四至九五年之作，乃八大年
近七十晚年之作品。

　　「荷花」原為王季遷先生所收藏，二十多年讓給
他的洋學生，也是研究中國繪畫的學者，現由此人交
給蘇富比拍賣，結果如何，拭目以待。

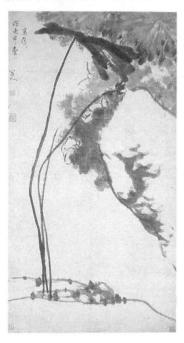

八大山人
荷花　水墨紙本　立軸

■一生飄渺跌宕的苦瓜和尚

稱八大為「金枝玉葉老遺民」的石濤，為明靖江王朱贊儀的十世孫，生於明亡前二年。清兵入關後，他由兄弟保護脫險逃出，雙雙遁入空門當了和尚，自號「苦瓜和尚」、「清湘老人」、「瞎尊者」等，早年雲遊四方，住南京名刹長干一枝寺，寺裡有小樓名一枝閣，這時期作品的題跋常見有「一枝」，「枝下濟」、「枝下叟」等，都是為他的別號。

康熙第一次南巡，石濤曾在長干寺與眾僧接駕，五年後又在揚州平山堂二次接駕，皇帝當眾呼出石濤之名，使他受寵若驚，大寫奉承清帝之接駕詩。他又抱著「欲向皇家問賞心，好從寶繪論知遇」的心情繪製「海宴河清圖」，歌頌異族皇帝功德，自稱新朝的臣子，款屬「臣僧元濟九頓首」，將明朝遺民之民族氣節，完全拋諸腦後。

爾後，他風塵僕僕地到了北京，希望畫而優則仕，尋求功名利祿，結果未獲知遇，落得「諸方乞食苦瓜僧」的淒慘下場，仕途絕望，只好回揚州定居，臨溪自建大滌堂。

此時已過半百的石濤，對披緇衣、做和尚的念頭日淡，五十六歲那年，請八大山人作「大滌草堂圖」，信中自稱「濟乃有冠有髮之人，向上一齊滌」，表示已

經脫離和尚生涯，變成戴了黃冠的道士；從他晚年的詩句「名登玉牒傷孩抱」，更指出他有家室且有子息。

　　石濤究竟哪一年死的，至今仍未有明確資料，但一般根據傅抱石的「石濤上人年譜」，認為卒年為一七〇七年，埋於揚州蜀岡，今已無墓可尋。

■磊阿不群、畫藝獨到

　　石濤做人一生反覆，歷盡滄桑，做為藝術家，十四歲便能畫蘭竹，作品亦以蘭竹最多，被譽為「清代三百年中第一手」。他對梅花更情有獨鍾，「扶杖探梅」畫卷上所題的梅花詩，深情感人。

　　石濤半生雲遊，飽覽名山大川，山水畫師法造化，搜盡奇峰打草稿，畫出黃山的真形象、真性情，與梅清成為「黃山派」的巨匠。石濤自視極高，不受前人束縛，對當時嗜古成癖、擬古成風的習氣嗤之以鼻，無視於「家家子久、人人大痴」，對當時畫派勢力影響極大的倪瓚、黃公望，批評他們的畫氣味太淺薄，對那些「食人殘羹」的徒子徒孫更不屑一顧。連北宋郭熙筆下雲煙出沒、峰巒隱顯之態，在石濤眼中還覺得未能為山水傳神，這是何等的口氣！

　　石濤崇尚獨創，師法自然，蘇富比拍賣這套山水冊頁，均為寫生之作，但不論是黃山奇峰聳秀、江村野景、峰下流泉，甚至尋常景物，到了他筆下，別具

姿態。他在《畫語錄》第一章提出「一畫論」，認爲畫開始於「一畫」，終於「一畫」，一筆劃下去，等於劈開混沌，形象開始形成了，筆必須服從要表現的眞實景色，能夠曲盡其態，所以變化需多。

他用粗筆勾勒岩石的輪廓，細筆生苔草，同幅畫中筆有粗細，筆法豐富靈活。石濤又喜用生紙以濕筆或淡墨或濃墨淋漓暈染煙雲飄渺之形狀，筆墨融合表現山川氤氳的氣象。

最令人感到新奇的是他的山水畫構圖，石濤好用「截斷」之法，從眞實自然景色中，截取最富特色或優美的一段來入畫，構圖佈局往往出人意表，如「峰下流泉」，先用粗筆勾出山石重疊之狀，正中一塊岩石造型竟然是前無古人的方形，由於畫家巧妙排列，令它與左邊傾斜向下的岩塊相互呼應，觀者不僅不因方的造型感到礙眼，反而爲苦瓜和尙的大膽組合而拍案叫絕。

另一幅「芭蕉湖石」，左上角樹枝上竄，下不見根，也沒樹頂，典型的石濤截斷手法。更值得一提的是那幅「農田阡陌」，挂杖老人獨自過橋，小溪蚱蜢舟中坐一人垂釣，周圍農舍圍繞，好一幅恬淡的農家村景，畫家是從高處俯瞰下來，極爲特殊。

■中國繪畫的巨將、拍賣場上的珍品

這本冊頁，每幅均有畫家題詩，據謝稚柳先生鑒定，該爲石濤五、六十歲定居揚州之作，畫上均無簽名或年份，這是冊頁的習慣。所用圖章有「清湘老人」、「粵山」、「阿長」等，爲較晚期所用之章，「半個漢」這方章則充分表達石濤晚年對和尚生涯的悔意。

冊頁上四家收藏章，除了日本住友寬一之外，一爲「聽颿樓」的潘季彤，一爲「嶽雪樓」的孔廣陶，都是廣東人。乾隆時廣東收藏家極珍視石濤的畫，遺跡留傳粵東不在少數。

謝先生認爲同本冊頁上，兩大收藏家之印同時出現，證明出處無疑，收藏家可放心舉手，除此之外，日本住友更爲石濤主要藏家。

據統計，至今爲止，石濤的遺作有著錄及印刷出版過的，在六百件以上，上海博物館藏品極豐而精，北京故宮連一幅都闕如，謝先生認爲可能與石濤出身明王室有關。

八大山人擅長用筆，石濤擅長用墨，以對後世影響而言，石濤似乎超過八大。石濤晚年定居揚州，爲「揚州八怪」催生，蘭竹最爲鄭板橋傾倒，自稱極力模仿，但不易學到；汪士愼的花卉、羅聘的山水均學苦瓜和尚；近代畫家傅抱石對石濤「到痴嗜不能自已

的地步」；張大千服膺石濤，仿作足可亂真；石魯因崇拜石濤、魯迅而自名「石魯」；李可染因崇奉石濤的名言「搜盡奇峰打草稿」，一生致力繪寫新中國的如畫江山，造就了一代山水畫家。

(1991・5)

元洪武青花瓷器

　　五月（1991）香港蘇富比拍賣七百五十件中國瓷器、玉器翡翠、鼻煙壺，以及近代、現代名家繪畫、雕塑，三天拍賣總成交額為港幣一億一千五百多萬。

　　這次拍賣，香港本地買家出手闊綽，競投踴躍到令人懷疑九七陰影是否存在，光是翡翠一項，一位本港劉姓女士，一擲一千多萬港幣，投得三件翡翠飾物，其中一條雙行翡翠塔珠鏈，成交價八百三十六萬港幣，凌駕瓷器而為此次拍賣價之冠。

　　後起之秀的新加坡人，成為名家字畫的新買家。自八八年崛起的臺灣客，勇猛地橫掃拍賣行，風光不過兩、三年，股市崩瀉後，已不再渡海而來了。但這次拍賣，卻唯獨對翡翠情有獨鍾，十件成交價最高的翡翠玉器，有一半為臺灣人投得。

■元青花盤反映三種文化

　　香港瓷器古董收藏家徐展堂先生不讓劉女士專美於前，以一千五百四十萬港幣，為他坐落於荔枝角「麗

的呼聲」十樓藝術館新添了兩件瓷器，一為第八號元朝青花印花花果紋綾口大盤，一為這次瓷器拍賣中估價最高（九百萬至一千二百萬）的第一號明朝洪武青花菊花紋執壺。徐展堂分別以七百七十萬港幣投得這兩件青花瓷器。執壺只達到最高估價的百分之五十八，蘇富比的副主席朱湯生承認估價偏高。

　　傳世及出土元青花瓷器極為稀罕，然而，重賞之下必有勇夫，佳士得、蘇富比不乏元青花精品出現拍賣。幾年前，蘇富比在同一年內分別於香港、紐約、倫敦拍賣了三件元青花器，現為徐展堂藝術館收藏，其中一件青花庭園獅子紋大盤，直徑四六點五公分，鮮藍青料，生動的獅子飾以花藤瓜菓山石，為元青花

反映了三種文化特質的
元青花印花花果紋綾口大盤

中之佼佼者。此次徐氏趁勝直追，相信私人藝術館收藏元青花，質與量均以他為首屈一指。

瓷器為工藝品，可反映當時當地的文化審美觀、生活習慣、社會經濟等。此次蘇富比這件元青花大盤，直徑四八公分，雖稍有瑕疵，但從它的圖飾仍可反映出三種文化：波斯回教、西藏的藏傳佛教，以及蒙古中國文化。

大盤外圈為上大下小的蓮花瓣，據專家劉新園指出為西藏藏傳佛教的紋飾，而盤子上那種密而不亂、空間極為狹窄的構圖方法，顯示出濃厚的伊斯蘭圖案特色。盤子中心則飾以屬於中國情懷的芭蕉竹、山石，深具水墨畫風味的構圖。劉先生並指出元代景德鎮匠造院監督，全為波斯、尼泊爾人。

此外，值得一提的是西瓜的紋飾。元朝之前，西瓜從未出現在瓷器的圖案中，西瓜從契丹傳到中原的時間是在北宋，文人洪浩在《木公漠紀聞》中曾有此種記敘，景德鎮藝匠取其新奇，遂將西瓜畫入瓷器。

這件大盤有兩個特色，一為少部分是印花之外，大部分都用傳統筆繪手法，在白地之上別開生面地描繪出藍色圖飾：畫工信手拈來，勾捺暈點、劃滿大盤，但感覺上密而不亂、滿而不塞，毫無繁瑣堆砌之感，這種風格令人聯想到元四家之一王蒙的繪畫。

蒙古人把粗獷的民族性反映到瓷器上來，元代瓷器不論大盤或罐，器型均為中國前所未有的巨大，因

此元青花點飾豐滿，但留白特別講究，畫工並非只知塡空補白。專家學者認爲元青花紋飾吸取了南宋磁州黑彩的技法，及景德鎮瓷器的刻花裝飾，元代木刻版畫、繪畫對畫工亦大有啓發，他們將其中的母題移植到瓷器的圖案上來：常見的有山水、戲曲人物、菊、牡丹、松竹、芭蕉、瓜等花卉植物，再配以麒麟、鳳凰、龍、魚等。

景德鎮陶瓷館館長劉新園，對元青花研究深入，舉世著稱。他將一些特異紋飾與同代織繡的圖案做比較，發現如綴珠紋、帶火焰的馬紋、雲肩紋、蘆雁紋、蓮池鴛鴦紋等，均與元代貴族服飾或被面刺繡相似，因此他認爲花紋形式的處理也受到刺繡的影響。

第二個特點是這隻盤子帶有銘文。全世界元青花瓷器有波斯阿拉伯銘文的，除了這件外，另一件現存波士頓福格美術館。西方研究中國瓷器的學者對這難以釋譯的銘文多有論述，蘇富比專家在目錄上指出這銘文似是出自不熟悉阿拉伯文的中國藝匠之手，並推測可能是人名，譯出來似乎是「哈山‧詹之子」。

這件元青花大盤賣主爲日本人，從裝大盤的錦盒可看出爲十九世紀之古物，至於這件稀罕至極的元青花盤何以流落東洋，令人費解。而從波斯古畫顯示，它是用來裝水菓的菓盤，乃工匠根據波斯人的飲食習慣而設計的。

■元青花分兩大類

元青花瓷器外銷東南亞、西亞、非洲等國，伊朗、土耳其博物館以藏有元青花著名於世。伊斯坦堡的托普‧卡普‧撒萊博物館擁有八十餘件元青花大盤，而存世完整的不過二百件左右。

一九二九年，英國人霍布遜發現一件青花雲龍象耳瓶，上有至正十一年（1351）的銘款，五○年代美國的波普博士以至正十一年款青花瓶為研究元瓷的標準器。劉新園經過多年研究，將國內外傳世與出土的元青花分為兩類，一類繪有特異紋飾、構圖嚴謹，體積比較大，以外銷伊朗、土耳其為主；這類元青花燒造的上限時間應當為一三二五年左右，由浮梁瓷局燒製，即為元朝廷或帝室燒造的外貿瓷，數量不多，但製作最精。

第二類構圖疏朗，筆法自由草率，以外銷菲律賓、印尼一帶的小件器皿為主；這類青花瓷上限時間約為一三三四年至朱元璋建國的一三六八年為止，元順帝停燒官窯後，工匠為求生計便自己生產商品，故製作粗糙，但量數頗多。

景德鎮湖田窯元代瓷器殘片，發現印有「樞府」字樣的印花器和青花瓷片，一種瓷質較差、紋飾呈灰青色、用土料畫成的青花瓷器，可能是當時民間用品。

另一類用筆工整、構圖繁複、發色鮮藍、瓷質細膩，
則應該是外銷海外的。

■「洪武無瓷器」的錯誤

　　中國瓷器自元代以後，大量外銷海外諸國，造型
沿用元代瓷器，拍賣估價最高的第十號洪武青花菊花
紋執壺，形狀來自波斯，被用來做為盛水淨手的器皿。
類似的執壺舉世僅三件，除了北京故宮、東京一間美
術館所藏之外，便是這把待價而沽的水壺了。

　　洪武是明朝開國皇帝朱元璋的年號，而由於未能
發現洪武官窯年款的瓷器實物，長期以來被認為「洪
武無瓷器」。專家們受這種觀念的左右，對南京明故宮
早年出土的明初民窯均不重視，一律斷代為元末之
物，因此多年以來，洪武瓷器被誤認為元瓷。

　　一九八○年江西玉山縣出土洪武款民窯青白釉
罐，器腹中間有「洪武七年二月二十七日造此」，洪武
之有瓷器，至此真相大白。

　　出土實物所改寫的歷史還不僅於此；最近，從景
德鎮出土的實物更證明了洪武的御窯廠於洪武二年便
已設立，這個大發現推翻了《大明會典》書中關於洪
武三十六年後方有御器廠的設置的記載，「洪武無瓷
器」即根據這記錄而得。朱元璋在位共三十一年，而
書上記他去世後五年才有御器廠。幸虧景德鎮這地下

博物館出現實物，而得以改寫歷史。

洪武瓷器基本上延續了元朝的燒製風格，以渾厚大器為主，同時也反映了朱元璋開國時期的恢宏之氣。拍賣行所見洪武釉裡紅大盤、巨碗，更屢屢打破瓷器的國際價格，頗有引領風騷之勢。

這把蘇富比的執壺，青花極為稀罕。明初北方仍被蒙古人所佔據，與波斯交通斷絕，燒青色的蘇麻泥青無法進口，只好改用國產青色，燒出的青色清淡，發色偏黑，呈灰暗，就審美而言，不及元青花鮮亮奪目。

筆者經過特許，進入禁區把玩細看這把少了蓋子

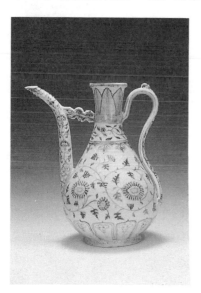

五月香港蘇富比瓷
器估價最高的明洪
武青花菊花紋執壺

的執壺，典型的洪武青花紋飾——兩朵菊花紋分佈壺身，空間疏朗多留白，已回到中國繪畫的風格，不似元青花畫滿圖案。這把壺經過六百多年的動盪，已非全貌，嘴與壺身之間的搭橋可見裂痕及修補過的痕跡。

有趣的是中東的執壺多爲銅做的金屬品，把手與壺身相連之處，用銅釘釘上，這件洪武青花菊花紋執壺雖是瓷器做的，但還是忠實的仿造，曲柄下端可見釘孔而顯示出自元以來波斯風格的殘餘。

（1991・6）

藝術大師度小月

　　拍賣行的作業，從向賣主收集字畫古董、編目錄到拍賣，其間過程需要四、五個月。今年五月（1991）蘇富比、香港榮寶齋拍賣，收集字畫期間正值波斯灣烽火連天的戰爭時刻，加上去年畫價下跌比例驚人，賣主多不肯交出所藏給拍賣行，眞是屋漏又逢連夜雨，關心字畫市場的收藏家、行家、畫家均不看好五月的拍賣。

　　蘇富比別出心裁，策畫了一個以當代畫家爲主的拍賣，目的是擴大市場，吸引各類買家，有人說拍賣好比演戲，必須用心思把預展的會場布置出特色，於是富麗華酒店四樓的展覽廳，清一色是現代名家之作，風格突出，一新觀者耳目，也達到策畫者處心積慮的效果。

　　結果精挑細選、估價偏低的一百七十八件畫作，以超過百分之九十的賣出率賣出，總成交額高出估值，達兩千一百多萬港幣。

■大千潑墨賣價最高

　　成交價最高的十幅作品，張大千的潑墨潑彩「春雲曉靄」，估價一百五十至兩百萬，以兩百零九萬港幣賣給香港古董商。

　　有評論者對大千先生成就最高的潑彩畫作，認為在大片濃得化不開的青綠彩中，置放屋舍，頗有破壞意境之嫌，持這種論調的評者，看了蘇富比這幅純潑墨潑彩，應當嘆服畫家境界之高。

　　大千十一幅拍賣的作品，除了「春雲曉靄」外，最值得一提的是三八號的「曾熙七十造象」，張大千三十一歲時恭繪老師著白袍立於墨竹山石前，估價六至八萬港幣，卻未能拍出，外雙溪摩耶精舍陳列曾熙書法，如能收藏這幅弟子恭繪老師之像，當為精舍增色不少才是。

　　成交價第二高的是徐悲鴻的「榕樹雙牛」，一九三六年繪於桂林。茂盛的榕樹下，近景有二牛嬉戲，牧童身著紅衣，坐在右下角樹下吹短笛，一派田園牧歌，為徐氏少見佳作。估價六十至八十萬港幣，以一百二十六萬五千港幣賣出，打破徐悲鴻畫作的紀錄。

■白石老人草蟲妙品

以擅畫動物、獅虎見長的天津畫家劉奎齡（1885～1968），六屏山景動物，纖毫畢露，寫實逼眞，以四十四萬港幣拍出，爲第五高價。

齊白石精細工筆的貝葉草蟲，畫時耗費眼神，目擊者形容：「老人需戴兩副眼鏡，一絲不苟慢慢畫，一幅作品得花上好幾天工夫。老人在世時，畫一片貝葉的筆潤等於一尺的畫價，一隻草蟲亦然，畫價比一般花卉高出幾倍。」

由於費時甚多，齊白石這類細筆草蟲畫作不多，據說僅十餘幅傳世，均爲六十歲後至八十歲之作。去年十一月榮寶齋的一幅貝葉草蟲，估價六十至八十萬港幣，結果以驚人的一百一十萬港幣拍出。這次蘇富比拍賣的一三八號「芋葉昆蟲」，朱紅枝幹、三片貝葉、枝上附有蟬、蜻蜓向下飛，兩隻蟋蟀爬行，題爲「八十七歲白石老人客京華城西鐵屋」，以四十四萬五千港幣賣給紐約古董商，爲第八高成交價。

最近齊白石的畫價下降，估計難以回到八九年蘇富比那次拍賣之雄風，原因是眞僞難辨，困擾藏家。蘇富比書畫專家張洪亦指出，齊白石的畫最不易辨識：

「他面目太多，工筆寫意，花鳥山水人物無所不

畫。上海人看齊白石與北京人有分歧，可能門人故意
弄亂，有些人希望眞假不分，怕假的沒有買家，便否
認眞的，弄得大家都糊塗了！」

■吳冠中寶刀未老

　　這次拍賣十七件齊白石畫作，五件未能拍到底
價。另一位來頭極大，作品好壞參差不齊的任伯年，
十件有一半乏人問津。

　　吳冠中寶刀未老，十幅高價畫中他占了兩幅，美
國、亞洲各國展過的「黃河東去」，八六年的點線之作，
灰色主調，得六十六萬元港幣；另一幅「春筍」，畫在
木板上的油畫，六三年作品，得三十五萬港幣。

　　這次拍賣，最出乎人意料之外的，當數賀天健
（1890～1977）的「南張挿秧圖」，畫家於一九五五年
夏天寫生之作，晨光乍晴的煙霧中，遠處屋舍隱現，
農夫彎腰挿秧，這幅畫估四至五萬港幣，結果以超出
估價五倍賣出。

　　賀天健早年學肖像畫，後學山水，從四王入手，
又上追元四家，亦頗受新安派影響，他的傳統筆墨功
力，無法令人不服，可惜臨摹痕跡太過明顯，在近代
人才輩出的名家之中，容易被忽略，畫價亦偏低，大
都在兩三萬港幣之譜。

　　賀天健遣興的小畫，閒閒幾筆，倒是文人趣味十

足，我藏有幾幅小畫，畫家在巴掌大的宣紙上恣意戲筆，幅幅皆精。

賀天健爆出冷門之外，溥心畬一把「八駿圖」成扇，也賣到十一萬港幣；黃賓虹的簡筆水墨小幅山水，也以高於估價四倍賣出。

■朱銘木雕首次進場

為了以新面目示人，蘇富比拍賣目錄封面是丁衍庸的油畫「畫家與裸女」。丁氏早年留學日本，油畫頗受馬蒂斯影響，學成回國後，卻轉入中國水墨畫，在香港潦倒終生。據估計，他的油畫不多，此次兩幅，「仕女畫像」為一九六七年作，封面則完成於一九七一年，可見畫家晚年並未放棄油畫創作，與水墨畫雙管齊下。

蘇富比初試拍賣油畫，「畫家與裸女」競投激烈，最後以高出估價三倍的二十二萬港幣成交。

臺灣朱銘的木雕首次入拍賣行，去年完成的「太極」是從他的新系列木雕中選出。由於初次上拍賣，目錄上還有一段描述，交代朱銘的創作過程，並謂一九八二年後朱氏集中創作銅雕。這件抽象的「太極」，估二十五至三十萬港幣，以二十八萬六千港幣賣出。朱銘的雕塑對港人而言並不陌生，除多次大型展覽，他的銅雕在幾處大廈外均可見，「太極」得高價理所當

然。

　　油畫、雕塑之外，蘇富比又引進張義的鑄紙版畫，題名爲「詩」，豔紅紙版浮雕文字，爲印數三十張中之第九張。

■新加坡取代臺灣

　　蘇富比選畫作的材料、形式範疇廣泛，吸引不少新的買家。如衆所知，拍賣行或畫廊均視招徠新顧客爲擴展業務之道，這次蘇富比拍賣，新加坡買家大批湧到，競投活躍，取代了一九八八、一九八九年時的臺灣股市大亨。早兩年，蘇富比字畫曾有一次拍賣，三分之二爲臺灣買家出手投得的紀錄。曾幾何時，拍賣預展上再也不鄉音繞耳了，渡海而來的臺灣買家已然匿跡，拍賣場上的新秀遁形了，這種現象亦發生在香港榮寶齋字畫拍賣。

　　由於擔心藝術市場不景氣，香港榮寶齋此次拍賣前，特地到臺灣、新加坡展開宣傳攻勢，結果是前者買家小貓兩三隻，後者前來捧場的則十分踴躍，占了百分之二十。不知臺灣畫廊是否仍在掙扎之中？故而對進貨意態闌珊，然而兩年前衆人矚目的收藏家，又何處去了呢？

　　從五月蘇富比、榮寶齋的字畫拍賣情形，反映出市場復甦之迅速，令人驚喜；另一個事實是臺灣買家

進場與否，已經無足輕重，香港人以及正在增加的新加坡愛藝者的購買力，已足夠支持繪畫市場。

■榮寶齋走平實路線

榮寶齋兩百四十五件作品，囊括三十一家之作，拍賣總值一千九百萬港幣，較估計的一千兩百萬高出許多，賣出率也高達九成。此次拍賣作品均極為平均，突出之作不多，但適合一般買家，負責宣傳的朱經綸認為，如此可達到藝術推廣之目的。

這次拍賣以李可染的「灘江山水」，拍得最高價五十五萬元港幣，此為一九八四年之作。其餘李氏六幅作品，人物、牧童與牛，賣價均不俗。

榮寶齋鑑定字畫的王大山，與李可染交情極深，他對分辨李氏字畫真偽極有心得：「李可染行筆慢，做假畫的不知這點，容易被識破。」王先生說：「李可染畫好了，蓋圖章也極慢，總要想了老半天，他蓋圖章的時間，足夠其他畫家完成一幅作品。」

對李氏顫抖的書法，王大山說他是七〇年代手顫發抖，下筆積點成線，完全是身體的關係，而不是故意抖的。李可染畫牛，王大山也有一番見識：「牛上面的樹枝，他用筆叉點，點得很黑，不過中間的一定留氣眼，淡一點透氣，否則把畫給悶住了！」

藝術大師度小月

■唐芭蕉揚眉吐氣

　　上海畫家中，年滿百歲的朱屺瞻，青綠山水可拍到近三十萬港幣。文革後即已揚名美國的程十髮，當今鑑定古畫第一把手謝稚柳，早年取法宋人筆意的細筆花鳥、山水，更爲藏家熱烈索求。唯獨有「唐芭蕉」之稱的唐雲（1910），雖然筆墨精彩，可惜個人面貌不強，畫價始終上不去。

　　唐雲這回總算爭一口氣，三八號一套寫生山水八開畫冊，賣了九萬多港幣；五八號繪於一九四七年的巨幅山水「山居圖」，古意盎然，三十七歲之年有此功力，令人嘆服，以八萬多港幣拍出，買者眼光不俗。

　　畫價遠比唐雲淒慘，但戲曲人物藝術上頗有獨創的關良，一幅「借東風」拍不到一萬港幣，我眞爲他叫屈。

　　杭州潘天壽紀念館陳列廳，將於本月底揭幕。這位畫中強調力霸之勢，而又不失藝術審美，爲中國花鳥畫打開一個新局面的畫家，一生奉獻給教育，本來就不多的畫作，文革時又遭毀損無數，據潘氏之子潘公凱估計，他的傳世之作不過八百多幅。潘天壽去世後，家屬保留全部作品興建紀念館，外間流傳更爲稀少。此次兩幅均爲荷花，一八七號「明湖煙雨」爲指畫，一九六四年所作，大片荷葉披下，左下角紅荷呼

應，畫中間大片留白，潘氏對空間處理大膽創新是前人所未敢有，此一佳作得十七萬六千港幣。

■于非闇大爆冷門

每次拍賣，總有令人拍案叫絕的情事發生，這一次是一向不怎麼被重視的于非闇（1887～1959），一幅「四喜圖」，四隻喜鵲踞立梅枝，後有山水作背景，估價四至六萬港幣，卻以二十萬港幣拍出，創于非闇畫價紀錄，全場轟動。

于氏為山東人，早年畫寫意畫，四十六歲後改畫工筆花鳥，白描清逸，著色富麗。有一說晚年齊白石視力衰退，工筆草蟲乃出自于非闇之手，真假與否，有待求證。

榮寶齋和其他拍賣行，無不視貨源為一大隱憂：名家之中，作畫最勤的齊白石，留下兩萬多幅作品；稀罕的如石魯，浩劫之後，僅存六百幅真跡。香港一年大大小小一共有八次拍賣會，名家佳作流轉大有面臨枯竭之憂。隨著生活素質提高，收藏古董字畫兼具審美及身分表徵，也有無窮佳例被公認為一項不賴的投資，長遠看來大有前途，因此藏家只進不吐。

榮寶齋有鑑於此，今年推出一九八八年大陸新人得獎的一百幅作品。另設小拍賣，以資鼓勵藝壇新秀，扶植好畫家為正式拍賣做準備。　　　　（1991・6）

臺灣買家大手筆

在世界性的經濟仍不怎麼景氣的時候，香港佳士得秋季（1991）拍賣的結果成績傲人，六十四幅中國當代油畫首次拍賣，賣出率高達百分之九十二；陳逸飛的浪漫寫實油畫「潯陽遺韻」以一百三十七萬五千港幣成交，高出估價三倍，由臺灣人收藏。

■臺灣客買氣旺盛

「潯陽遺韻」創下中國油畫拍賣紀錄，緊接著張大千八十三歲於臺灣所作的巨幅絹本青綠山水「靈巖山色圖」，估價高達兩百五十萬港幣，結果以驚人的四百二十九萬拍出，打破中國近代畫的世界拍賣紀錄。

另外，拍賣瓷器「明星」，一件明成化青花花卉紋罐，以一千一百萬賣出，雖未達到估價的一千兩百萬，仍打破佳士得拍賣明朝瓷器的最高價。

此次佳士得拍賣，臺灣買家踴躍，不少高價字畫、瓷器古董均直接，或經由經紀人間接地為臺灣收藏家所投得。近代名家字畫如張大千「靈巖山色圖」，便去

了臺灣；印在拍賣畫冊封面的傅抱石「鍾馗」，也以七十七萬港幣被臺灣收藏家買去。油畫除陳逸飛的作品外，林風眠於一九三四年在抗戰時獨居重慶所作，賣給紐約收藏家的「裸女」，這幅八○乘六三公分的油畫，為拍賣中第一代油畫之佼佼者。裸女線條粗獷，顯見野獸派影響，以七十一萬五千港幣成交，買主是臺灣收藏家。

第三代油畫家艾軒（1947）的「歌聲離我遠去」，畫一西藏少女憑窗獨坐，一副閨中閒愁，充滿詩情，原估十五至二十萬港幣，卻以三十三萬高價為臺灣行家收藏。一九五五年出生的山東畫家王沂東，他的「風停了」，畫中梳根辮子、胸前戴了個長命鎖的北方小女孩，手拿報紙做的風車，立在灰牆前，女孩扁扁的鼻子可愛趣致，可看出畫家精湛的寫實功力，估十至十五萬，結果以二十五萬三千港幣賣給臺灣畫商。顯見大陸中年畫家寫實作品在臺灣有其市場。

另外一具極具歷史價值的清乾隆銅虎頭像，成交價三百三十萬港幣，亦被臺灣買家投得。它是英法聯軍從圓明園擄掠的古董中，噴泉的銅製十二生肖之一，已有獅頭、馬頭出現蘇富比拍賣，這次則是件老虎頭，輾轉於歐洲收藏家手中，現這件文物回歸國人，可喜可賀！

看來臺灣經濟復甦在望，在短期內，也許不至於回復到股市狂飆時瘋狂搶購的風光，但收藏之道，在

於理性冷靜，盼望臺灣藏家有計畫地細心蒐集，作長期打算。

■第三代油畫寫實當道

這回佳士得別開生面，中國當代油畫拍賣，六十四幅作品首次被當作獨立項目，集四十家之作，包括了本世紀初至今的四代大陸油畫家，由於臺灣及香港油畫家均不在其內，因此這次拍賣的全面代表性大打折扣。除了第一代留歐、日的畫家，如徐悲鴻、顏文樑、林風眠、吳冠中作品，歷史意義與藝術價值兼具之外，占最多數的是第三代油畫家的寫實作品，雖然同屬學院寫實，按風格可大致分為四類：

一、陳逸飛、楊飛雲的畫，造型嚴謹、力求光影和諧唯美，屬正統學院派。

二、陳丹青、曹力偉、孫景波等取材少數民族的民俗風情，如西藏，被稱為鄉土寫實主義派。

三、艾軒、袁正陽擅長反映畫中人物的微妙內心世界，風格感傷憂鬱，頗受懷斯影響，畫面充滿詩意及韻味。

四、描寫北方農村風土人情，以王沂東為代表。

上述四類寫實油畫家，幾乎清一色出身北京中央美院，文革後出頭，八〇年代獲美國的漢默畫廊、還有現已關門的赫夫納畫廊推動，介紹到海外，廣為人

臺灣買家大手筆

167

知，而且畫價不俗。不過，第三代油畫家（起碼佳士得拍賣的作品）題材狹窄，全以裸體、少數民族畫像及風景爲主，無論在思想、獨創力、個性的發揮均極貧乏。

寄望佳士得下次油畫拍賣，別忘了網羅臺灣、香港、海外精英，對落後的大陸油畫壇也許能起刺激作用。筆者憂慮的是這次油畫拍賣的佳績一傳入神州大地，不消多時，已經過分氾濫的裸體畫、奇風異俗的少數民族畫，將更變本加厲大批湧現，使大陸油畫總是停留在蒐僻獵奇情況下，阻礙進步。

歷來藝術市場可以帶動、影響畫家，引導時興潮流，一窩蜂「向錢看」的大陸畫家，抗拒力最爲薄弱，但願不致被筆者不幸言中。

■白石老人重振雄風

佳士得首次大規模油畫拍賣，令觀者耳目一新，加上女星陳沖的哥哥陳川、陳逸飛及孫爲民等畫家出現預展酒會，製造聲勢，佳士得的宣傳做足了功夫。因此，除了油畫賣出率及畫價驕人之外，十九、二十世紀中國畫漁翁得利，三百二十三件水墨作品，賣出率達百分之八十，總成交價爲兩千七百多萬港幣，與波斯灣戰爭、臺灣股市大跌的三月春季慘淡拍賣大有所別。

早兩三年，每次字畫拍賣，齊白石總是以量多價昂名列前茅，曾幾何時，白石老人遺作真偽難辨，北京的鑒定家看法還和上海的不一致，造成議論紛紛，影響畫價下跌，除非景氣又回復到可揮金如土的地步，否則一幅「紫藤」，一百多萬港幣的紀錄，勢必難超越！

這次拍賣十五幅齊白石的畫，六幅未賣出，拍得最高的是一幅人物畫，土黃色的紙畫上，獵人立於枯樹下，遠望歸鳥，名為「目送歸鴻」，一九二四年作，以低於估價二十五萬港幣賣出；第三〇九號的花卉四幅，五十七歲所作，筆力軟弱，估價五十萬，未能拍出。

十月底蘇富比字畫拍賣目錄封面，是齊白石「山水、海棠秀石」，一九二二年白石老人為日本陸軍中將渡邊滿太郎所畫。屏風由京都運往北京，珍藏六十年後重見天日，估價一百五十至一百八十萬港幣。白石老人重振雄風，也許就在眼前。

■張大千畫價更上層樓

屢創畫價紀錄的張大千，自「桃園圖」（一百八十萬港幣）、「松壑飛泉圖」（三百萬港幣，臺灣收藏）之後，此次「靈巖山色圖」又創中國近代畫的世界拍賣紀錄，更上層樓。此次佳士得拍賣，大千先生的作品

量數高達三十四件，雄踞第一。除打破紀錄的青綠潑墨山水之外，三幅精采的寫意水墨、惲南田式的著色荷花，賣價均不俗；一三五號的一本冊頁，題籤「大千狂塗三冊」，一九六〇年畫於巴西，可惜只賸一冊，其餘下落不明。冊頁上的花鳥、設色松茸、蓮藕，幅幅精采。

大千先生二十五歲時，仿明末寫意大家徐青藤的水墨花卉蔬果手卷，原作十六種花卉最後以風竹結束，年輕的大千嫌青藤放肆，加臨了石濤的白菜補入，十足平民化思想。最獲我心的是二九七號的「頤和園」長卷，為大千四十歲時用心之作，墨韻氣氛極佳，卷首有「謝稚柳題於成都」字樣，證明兩人入敦煌前，過從甚密。

以量少價貴而言，近代畫家中非傅抱石莫屬，此次十幅最貴畫價之中，傅抱石囊括四幅，除前述「鍾馗」之外，「西陵峽」由美國收藏家以一百七十六萬拍得，長卷「赤壁夜遊圖」、紅披肩仕女，旁立抱阮咸的侍女人物畫，均以百萬、五十多萬港幣賣出。

最值得大書的是第一八七號的「文會圖」，畫於顛峰時期的重慶金剛坡，一尺多的小畫，在近景粗筆寫意的墨樹之後，有文士在屋舍中談文論詩、觀畫作樂，旁有童僕侍立；小小屋中八人神情栩栩如生，不嫌擁擠，傅氏布局功夫令人嘆服，估價二十八至三十五萬，以三十一萬港幣給有眼光之士收藏去了。傅抱石之畫

價，若以尺論，當屬第一。

■買家迷信物稀爲貴

　　筆者坐居拍賣中心的香港，積十多年之經驗，約略總結出買家的心理規律。先說何類的作品難以找到主顧：通常水墨畫受歡迎的程度較著色作品爲低；題材上「四君子」中最不被喜歡的是竹，吳昌碩、吳湖帆的竹，儘管藝術性極高，但很難找到知音。也許徐悲鴻是例外，但他那直統工的竹，賣價與奔馬相差太遠。

　　廣東人迷信，倒枝的梅花與「倒楣」諧音，畫虎與「苦」同音，這兩類題材難以討好此間收藏家。一幅畫畫面閒閒幾筆，太過疏朗的，除非像高雅清逸、畫作稀少的虛谷，否則一般喜歡比較複雜豐富的畫面，表示畫家精心用筆，而非應酬敷衍隨便撇上兩筆之作。最近工筆畫價節節上升，于非闇的宋人筆意花鳥畫、謝稚柳早期的工筆畫都是佳例。

　　字畫古董永遠物以稀爲貴，宋影靑大批出土，澳門幾百元港幣即可擁有一件宋瓷，乍聽之下難以置信，但卻是實情。齊白石一生留下三、四萬幅作品，加上寫意畫極易模仿，眞假難辨，他的精品與一般之作價格相差太大，這都不是健康的現象，難怪他的畫價反覆得厲害。

花工夫的畫可賣高價，齊白石的貝葉草中工筆畫，當年就值花卉三倍、山水兩倍價，至今仍高踞不下，因為它兼具畫家苦心經營及稀罕難見之優點。

物以稀為貴的道理可引伸到題材，畫家畫不常見的題材，如山水畫家陸儼少畫人物、黃賓虹畫花卉，反之吳昌碩、王震的山水，都因少見奇特而被重視。

畫作有著錄出版，是最好的保證，買家不用擔心真偽，放心舉手不放；但除非有水準的出版物，否則不可盡信，因畫價一上揚，花樣便層出不窮。

■畫廊炒作力捧新人

由於香港華洋雜處，中國畫價比起西洋版畫都偏低，不少本地洋人或對中國藝術有興趣的外國人參與拍賣會場投標，他們依照自己的好惡，不理會正統收藏家講究的筆墨，反正有創意、構圖新穎、色彩鮮明誇張的畫作大獲青睞，而一些受外國教育的「雅痞」也大有同感。

至於尺寸、形狀大小，傳統長軸似乎對現代家庭布置已不合時宜。「雅痞」買畫裝飾居所，最喜歡正方形或橫的作品，裝在現代感的西式框內。卷軸已不受歡迎，不過，對真正的收藏家而言，不占空間的卷軸，仍然受用。

藝術市場變幻莫測，當年畫價曾經寸紙寸金的作

品，如今流行不再，價格猛跌，如二、三〇年代名重一時的「三吳一馮」，至今雄風非昔。有的畫家藝術性極高，卻死後沒沒無聞。隨手拈來的例子，如上海的來楚生、謝之光，以及去世不久的京劇人物——花卉畫家關良。

諸位在拍賣場上，每會看到一種現象，年紀輕、出道淺，藝術也不甚了了的畫家，拍出價錢驚人，往往遠遠超過鬍子一大把，及已作古的名家前輩。當然名花入各眼，本無可非議。但明顯的原因就是有畫廊在作價，邀來三五熟人，此起彼落，硬把價錢擡高，拍賣後到畫廊買畫，照拍賣價七折計，也可撈上一筆。收藏家如有意投資賺錢，看準那個畫廊在捧誰，把作品拿去拍賣，成功機會不少。

(1991・10)

嶺南大家過香江

香港人翹首等待了二十多年的藝術館，於今年（1991）十一月十六日開幕，當時筆者正在杭州賞菊持螯吃大閘蟹。回港後接到卡蒂亞的請帖，特地趕往藝術館二樓「太法國了──當代法國藝術」展覽酒會。當晚紅地氈、香檳酒以及半島酒店的點心，典型卡蒂亞珠寶公司的作風。筆者由參展的二十位畫家中最年輕的奧東尼埃陪同參觀作品，有如身置巴黎畫廊。

■從居派到嶺南畫派

如果再上兩層，便又回到了中國。

藝術館四樓的「中國書畫」，廣東書法、繪畫，嶺南派占了四分之三的展覽。藝術館開館，以廣東人的藝術領先展出，在香港白有它的本土意義。展出書法、繪畫名家，最早追溯至明代中期，曾在內廷供奉，擅畫水墨禽鳥，為明代花鳥畫大家的林良。而清代中晚期的蘇仁山，白描山水、人物尤令人叫絕，藝術館也展出他的墨筆人物精品。清代末年，廣東番禺出了居

巢、居廉堂兄弟，精繪花卉草蟲，居廉首創「撞粉」、「撞水」技巧，表現特殊效果，為居派畫的特點。藝術館所展居廉「百花圖」工筆設色，典雅細緻。

高劍父 (1879～1951) 十四歲進入居巢、居廉門下，從鉤稿開始；來留學日本，受岡倉天心影響，在中國畫的基礎上，吸取日本東洋畫的設色和趣味，以及採用西畫透視技巧，注重寫生。回國後，他創辦春睡畫院，在畫壇上掀起藝術革新運動，開創了嶺南畫派，與其弟高奇峰，及陳樹人被稱為嶺南派三傑。

高劍父主張突破傳統題材的限制，做到「無物不寫」、「無奇不寫」之境，筆者曾見他以骷髏頭入畫，藝術館展出的有「烏賊」、也有批評當年時局的「撲火燈蛾」，題材亦為前人畫家少見。

嶺南派除強調題材通俗，第一個特色是色調豔麗，充分發揮「撞粉」、「撞水」技法，即在色彩未乾時，注入適量的白粉和水分，產生特殊效果，加強明暗層次的變化。

高氏兄弟開班授徒，香港的趙少昂、楊善深均出自其門下，成就卓然，畫面少有東洋味，善用破墨乾筆配以撞水、撞粉，各有特色，風格突出。

■港人的本土情結

提及嶺南畫派，便不能忽略佳士得、蘇富比兩大

拍賣行，利用港人愛鄉土的情緒，促使本地收藏家、藝術館在拍賣場上，熱烈競投嶺南派畫家作品。嶺南派三傑中，高奇峰擅長禽鳥野獸，注意牠們在時空瞬間的情韻，另一特點是，著重氣氛的經營。

　　高奇峰（1889～1933）比高劍父小十歲，四十四歲去世，拍賣場上的畫價卻遙遙領先其他嶺南派諸家。一九八九年蘇富比拍賣他畫於一九二四年的「梅月圖」，畫中皓月懸枝、梅花似雪，題材有異於他擅長的鳥禽動物，結果賣價打破自己的紀錄，以七十萬港幣為臺灣買家收藏。

　　一九九〇年三月，佳士得拍賣高奇峰的「松鶴延年」祝壽之作。松樹下，一隻白鶴單腳獨立，旁為山石，估價五十至六十萬，以一百零五萬港幣打破畫家紀錄賣出。據聞，當年賣家以一萬港幣擁有此畫，增值以百倍計，羨煞不少人。

　　高奇峰巨幅精品不易得，他門下「天風七子」之一的趙少昂，直追先師，今年秋季佳士得估價最高的十大畫作中，趙少昂的「雙虎圖」高達六十五萬港幣，畫上有楊善深題，雖沒能超過估價賣出，但顯見廣東人支持本土畫家的用心。十月底蘇富比兩幅趙氏之作，第九號的「蘭花」，以撞粉技法畫上一支洋蘭，估五至六萬港幣，以超出三倍價格賣出；第十七號「漁舟春曉」為畫家氣氛情調處理極佳之作，以高出估價三倍，近三十萬港幣賣出，舉座叫好。

另一位嶺南派巨匠楊善深，表現尤為出色，六尺大的「猿猴圖」枯枝幹上，三隻猴子嬉戲，為去年之作，賣得驚人的四十四萬港幣。第十九號「雙虎」，打破粵人不喜老虎下山之迷信，得三十五萬港幣，兩畫均超過估價好幾倍。「雙虎」為隔海而來的臺灣客購得。

多年前，筆者曾不辭舟車勞頓，前去拜在楊老師門下，學畫有南中國特色的荔枝、木棉，可惜天分有限，半年後仍是棄畫從文，現見老師畫作賣價有此佳績，引以為傲。

■畫價起落看福地

另一位非屬嶺南派的香港畫家，她在蘇富比拍賣的畫價尤其令人矚目。一九一四年出生於江蘇無錫的方召麐，早年從錢松喦學畫，一九四七年抵香港，又受業於張大千、趙少昂門下。方女士筆下大刀闊斧，粗獷有力，為其他閨秀畫家所不能及。她每喜在放筆皴擦的崇高峻嶺下，畫一水流，河上渡舟的人物造型樸拙童趣，流露出方女士一派天真。她的書法由學碑而變，力度驚人，誠為女中豪傑也。

歷年來拍賣，方女士的畫作，總是在蘇富比創佳績，一九八七年的「窯洞」，兩年半後重現拍賣，增值三倍。而一九七九年作的「船民流遠圖」，落日染紅怒

海中的一條船，越南難民乘風破浪，乘船而來，方女士題之「近港時之越南船民，令人想起湘桂撤退時之苦難生活」，這幅船的平面構圖有如兒童畫般的巨作，一九八七年拍賣估價八至十萬，結果以五十七萬兩千港幣賣出，打破香港畫家畫價。

兩年後，方女士的「黃山憶寫」估十五至十八萬港幣，又打破自己的紀錄，以五十八萬港幣拍出。九〇年十一月的「壯麗山河」，六尺巨作，被譽為近期罕有大型之作，黃土高原，山下激流，氣勢萬千，估三十五至四十萬港幣，以七十七萬賣出，使在場的觀眾傻了眼。方女士畫價一路下來，次次凱旋，這次蘇富比的「觀瀑圖」，一九八八年曾於馮平山博物館展覽，在石青色的險峻山下，瀑布急流，船上岸邊稚拙如兒童畫的人物，為方女士藝術特色之一，估五十至六十萬，最後以六十萬五千港幣高價賣出。

方女士的作品一離開蘇富比這塊福地，行情立即下降，以這次住上得為例，典型風格的「高山飛瀑」未能拍到估價十一萬港幣。同樣命運發生在另一家香港榮寶齋拍賣行，方召麐一九七二年作於英倫的山水，褐黃山坡村舍下，一對時裝男女，估價才六至八萬港幣，卻未能賣出，實在不可思議，其中消息耐人尋味。

■榮寶齋力捧于非闇

　　似乎每一家拍賣行，各自擁有志在必得的畫家。于非闇在香港榮寶齋大出風頭，但一到佳士得、蘇富比即無法引領風騷。一年來才被榮寶齋介紹出來的于非闇，出生於山東蓬萊，初學寫意花鳥、山水，四十六歲後，從陳老蓮入手，轉向工筆花鳥，直追宋院畫，畫風細緻清新，設色花木禽蟲，富麗絢爛，配以瘦金體書法，備受藏家喜愛。

　　早先有一傳說，但最近已被有道行的鑑定家否定。傳聞齊白石八十歲以後，視力衰退，無法握筆做細緻的草蟲畫，他那些鬚髮絲絲可見的蜻蜓、螳螂等，據說是由于非闇代筆。

　　不論真相如何，于氏畫價近年來，可以說是大翻身。從今年五月香港榮寶齋拍賣，第一百二十一號的「四喜圖」，背景為山水，四隻宋人筆意的喜鵲棲息於盛開的梅枝上，旁邊竹葉青翠，紅花怒放，估價四至六萬，結果以二十萬港幣賣出，震驚全場。

　　十一月榮寶齋拍賣，四幅于非闇花鳥畫中之兩幅，又續創佳績，二十三號的「喜鵲梅花」臨清官所藏沈子藩畫稿，畫面清雅，一對喜鵲棲於梅花幹，呢喃細語，估五至七萬，仍以近二十萬港幣拍出。第九七號的「荷花草蟲」，一九四四年作，于氏題道，他在

去年中秋後二日到太液池旁，突然發現殘荷叢中，開了兩朵花色濃艷，彷如雪蓮的荷花，隔天早晨再去，花已被人折去；畫家憑印象作出此畫，只見大片沒骨荷葉，兩朵紫蓮上，棲有一隻蜻蜓。估六至八萬，得二十萬九千港幣，該是創于非闇紀錄的高價。

■蘇富比明年臺灣行

同樣畫家，離開榮寶齋，到了佳士得、蘇富比，只得區區幾萬港幣，畫作亦同屬水準之作，就是價錢上不去。但不知榮寶齋有何祕方？

嶺南派諸家、方召麐、于非闇等或因地域、或因拍賣行，同一位畫家作品，畫價差距如此之大，只是個別例子，其中玄機，有待探究。但廣東人力捧嶺南派，相信臺灣收藏家對本土藝術家亦有同感。

據聞臺灣第一代油畫家畫價天文數字，每號以百萬臺幣計，藝評家、畫廊對此頗有微言，認爲物非所值。筆者理解臺灣本土收藏家的心理，擡高本土畫家畫價，何以不可爲？日本人、韓國人對其本國文物、藝術之重視扶植，值得臺灣借鏡。中國大陸至今仍未擺脫貧困，中國藝術仍然依靠臺、港有心、多金人士抱著文物回歸的心情收藏，臺灣本土畫家需要本土的支持，理所當然。

明年五月，蘇富比將首次在臺灣舉辦臺灣油畫家

拍賣，據專家告訴筆者，從他實地觀察，第一代本土油畫家之作畫價，與外邊傳說，相距甚大。筆者倒誠心希望，到時臺灣收藏家出面力捧，像廣東人捧嶺南派畫家一樣。

話說回來，藝術是超越地域國界的，這就是為什麼楊善深先生的作品，在臺灣大受歡迎。蘇富比目錄封面齊白石的「山水、海棠秀石」屏風亦為臺灣人收藏。這對屏風的掌故歷歷可考，日本陸軍中將渡邊滿太郎，將訂做的屏風由京都運往北京，白石老人畫好之後，送回日本珍藏；時為一九二二年。七十年之後在香港看到拍賣的這一對金箋屏風完好如新，據聞渡邊在世時甚少打開陳列，外面又以日本織錦套子保護，屏風四角之銀鎖，光可鑑人。

■臺灣買家鍾愛大千

蘇富比字畫專家在京都找到這罕見珍品，並附研究中國近代畫的日本權威教授杉村勇造之鑑定書。估價一百五十至一百八十萬，以一百三十二萬港幣拍出。

比較起來，蘇富比的十四幅齊白石畫作，較之佳士得出色，除金箋屏風之外，第六三號的「紅鶴」亦屬罕見。一九三三年，白石老人以硃砂繪寫巨幅紅鶴，贈給神交的蘇州名士松岑。畫上題道：「⋯⋯先生以

紅鶴名山莊，為著書處，予為研朱畫鶴，以實山莊之名。」

　　白石老人請松岑為他撰寫傳記，可謂不惜工本。硃砂紅鶴之外，又寫了一首詩讚揚松岑「文章聲譽動人寰」。第六四號「大富貴益壽考」作於八十八歲，牡丹墨葉山石之下，屹立一對紅鳥與紅花相呼應。這件作品原為法國中國藝術家協會姓周的創辦人所收藏，輾轉從歐洲拿到香港拍賣，特此一提。

　　臺灣人在買張大千畫作時，尤其大手筆，畫家藝術性、獨創性最高的潑墨潑彩青綠山水，每創中國近代、現代畫價紀錄，幾乎毫無例外，買主都是臺灣人。這回蘇富比十六幅大千的作品，除第一〇〇號「溪山遊屐圖」，一九四六年之精筆山水，為早期少見傑作之外，其餘五、六幅完成於六、七〇年代的潑墨潑彩山水，均創佳績。第一〇五號的「高岩飛瀑」，設色金箋紙版，體積不大，估七至九萬，結果高出估價四倍。

　　第一〇七號的「春雪圖」，潑彩金箋之作，畫面左角留出金箋，其餘藍彩簇擁有如天地渾沌初開，為這一類作品之傑作，以五十幾萬港幣賣出，收藏者眼光獨到。

　　拍賣時筆者冷眼旁觀，舉手競投這幾件作品的，幾乎全是臺灣人。

（1991・11）

中國畫西征記

　　佳士得的中國古畫拍賣，十一月二十五日（1991）於紐約舉行，一大套八大山人十二開冊頁，水墨紙本，題材爲常見的花鳥畫。這套繪於一六九九年的冊頁，爲八大去世前六年所作，每幅有畫家像「哭之笑之」的八大山人簽名及圖章，此外，收藏家之章也高達四十二方。這套冊頁出處可靠，日本《宋元明清名畫大觀》中有印載、清代《聽驪樓書畫記》也有著錄。

■「春風酒盞圖」創佳績

　　廣東人潘季彤爲聽驪樓的主人，爲乾隆時八大、石濤主要收藏家。今年初耶魯大學美術館展覽一百多幅八大遺作，這本冊頁亦在其間。如此罕見佳作，吸引歐美博物館及私人藏家，結果拍賣槌敲下，以六十萬零五千美元成交。

　　歷來兩大拍賣行偶見八大之作，蘇富比古畫拍賣十一年，才拍過八大兩幅花鳥畫、一件山水手卷中之一段及一幅字。今年五月蘇富比一幅五尺多荷花中

堂，令藏家雀躍，最後以二十幾萬美元成交。

這回佳士得古畫拍賣，令人驚喜的卻不是八大的這套花鳥冊頁，而是第八〇號的明唐寅的「春風酒盞圖」手卷。這件高一尺、長四尺的設色紙本山水手卷，畫上並無唐寅題名，只見畫家兩方章「唐子畏圖書」、「夢墨亭」。此作原為清內府收藏，畫上乾隆、嘉慶、宣統之御覽章多達十方。

乾隆出版內府收藏的石渠寶笈初錄著錄，詳載唐寅的「春風酒盞圖」，在手卷之後，畫家附有一題跋，敘述他為一名叫君祐的人作復生圖，那人患了奇疹，三年都穿不得鞋，病癒後，唐寅以此畫祝賀他「從今斑衣堂，百歲延嘉祉，酒盞對花樹，日日春風裡」。

六如居士乃出身式微的氏族，家運悲慘清寒，一生潦倒，賣畫為生，身後蕭條。民間流傳風流倜儻的唐伯虎行跡，可謂全憑想像，與事實不符。

唐伯虎在死後五百年，揚眉吐氣，這幅「春風酒盞圖」以近九十萬美元高價賣出，為此次拍賣之狀元。

這回佳士得古畫拍賣，比較特殊的是另一份目錄，專門拍賣美國收藏家艾倫艾略特的五十八件中國書畫。

外國人收藏中國瓷器，淵源甚早，歐洲人把瓷器當工藝品，八國聯軍搶掠而去的中國繪畫則當成壁紙用來裝飾。這種褒西貶中的主觀偏見，使西洋人對中國的文人畫在無知、文化優越感的驅使下，盲目鄙視，

不肯承認爲眞正的藝術。這種現象在近二、三十年間，已略有改進，但他們對中國繪畫的研究與收藏，仍舊局限於大學藝術史系的小圈圈之中。

因此這位艾倫艾略特女士的收藏便令人另眼相待了。她並沒有受過專業中國藝術史的訓練，而是受她普林斯敦大學攻讀博士的兒子的激發，自修對中國畫的知識，同時並充當普大美術館的解說員。她兒子約翰認識方聞教授，七〇年代到香港開始收藏字畫，使艾倫艾略特也興起了蒐集的興趣。

這位異國的女收藏家，把手上的這批中國字畫當作暫時的保管者，拿出來拍賣，希望新的擁有者會和她一樣珍愛，然後代代相傳。

五十八件藏品，包括五套冊頁、二件長卷，其餘均爲立軸，拍賣前抽下三件，結果有二十四件拍出，不及　半。賣價最高的爲第二號立軸十幅的「十殿閻王」得四十四萬美元，接近四十五至五十五萬的估價。最便宜的是第四九號的仿任伯年「三雞圖」，不及兩千美元。二十四件書畫共得一百萬美元。

就年代而看，從第一號十三世紀無款白衣觀音至近代二十世紀出生的郭大維，時間跨越七百年。鴉片戰爭後的近代畫家占十幅，其餘均爲以清代爲主的古畫。

■「道場畫」身價暴漲

除第二號的「十殿閻王」,艾略特的收藏清一色為文人畫,偏偏在她的藏品中,最重要也最突出的卻屬十幅出自宋代民間畫匠之手的「十殿閻王」。就目前資料所知,艾略特女士借給普林斯敦大學美術館展覽、這次出現拍賣目錄的「十殿閻王」,一向被藝術史家鑑定為現存最早的原蹟全套,視為中國珍寶,屢被藝術史家、漢學家研究、引用。

這類屬道教做法事的宗教畫,喪家鋪設壇場給死人超渡亡魂時懸掛,又稱道場,歷來不獲收藏家青睞;其題材多為冥府受閻王審判的陰森場畫,令人望之卻步;而且出自畫工之手的這類道場畫,歷來著重實用功能,無法講求藝術審美,大都粗製濫造,毫無收藏價值。一直到外國人類、民俗學家首先興起蒐集的興趣,在臺灣才忽然身價暴增,這些皆拜「老外」之賜。

艾略特收藏的這套「十殿閻王」,設色絹本,保存完整,布局嚴謹,線條用色獨到,與以前臺灣所見道士畫不可同日而語。唐宋道場畫是由寺廟的壁畫轉化而成,唐朝畫聖吳道子在寺廟壁上畫「地獄變」,令人「皆懼罪修善,兩市屠沽魚肉不售」,即是道場畫的前身。

■偏愛女性陰柔畫風

「十殿閻王」創近五十萬美元佳績，宋代無名畫工終於在拍賣會上爭了一口氣。

據聞艾略特女士收藏精品大部分捐贈普大美術館及紐約大都會博物館，拍賣前抽下的三幅作品之一，八大山人的「木瓜」，不僅題材少見，設色絹本的八大之作，更屬稀罕。「木瓜」曾於年初在耶魯大學展過，不知何故使賣主改變主意？

艾略特女士在前言中指出，四幅收藏品最為她所珍愛，「木瓜」為其一，石濤的「瀟湘愁」亦在其列，蘆葦荒疏的江邊，野雁群飛，題有「別是瀟湘一斷愁」，這幅署名「小乘客」，一印「顛僧」的簡筆山水，曾山張大千收藏，載入東京出版的《大風堂名蹟》，估二至三萬，以六萬美元賣出。

另兩幅一為元代雪窗的「蘭竹石」，水墨絹本，石叢中幾簇蘭竹疏疏落落，估二十至二十五萬，獲二十六萬四千拍賣第二高價。清代的汪士慎，筆下水仙、梅花清妙獨絕，用筆柔媚，清氣高雅，他的一幅「蘭竹石」水墨紙本，畫家自題：「予每寫蘭取其無媚也」，以三萬美元賣出。

這四幅畫作，除石濤的山水之外，全屬幽雅、秀逸的花卉畫，反映出收藏者的品味、審美深得中國文

人神韻，而且偏愛陰柔女性的風格。

■收藏熱非關名氣

以一位蒐集中國字畫多年、藏品豐富的收藏家而言，目錄中這五十八件畫作，當然無從代表艾略特女士鑑賞的全貌，然而，從這本薄薄的拍賣目錄，筆者發現了幾個值得大書的現象，提出來與同好共享：

一是國畫的臨摹傳統：明代聞人沈灝的仿古山水冊頁，從董源臨到沈周，其他王翬仿唐寅的青谿曳杖，錢杜臨董其昌婉孌草堂圖，查士標、宋犖兩畫家各仿倪瓚山水……畫家直書臨摹古畫精品是爲摹本，開門見山。但目錄中更多的是僞作，假冒畫家欺名盜姓，如仿王蒙、仿擅畫晴竹新篁的趙孟頫之妻管道昇的竹林、仿髡殘、仿王翬、仿李鱓……僞作之多也是拜中國畫臨摹之傳統之賜，造成魚目混珠，眞僞難辨。

當初艾略特女士以一美國人的背景，蒐集不同於她本國文化的中國書畫，一定經過專家指點，而且她的藏品絕大部分是在普大展覽過及日本出版過的，想來當年艾略特女士是因眞蹟而買，這下出了那麼多「仿」字，該爲她及指點專家、著書人士所始料不及吧？

看來辨識古畫眞僞，釐清之處可從拍賣開始。

按照常理，僞作者心虛，必不敢在假畫上有大段

題詞，第二二號的仿髡殘「抱恩寺」，二分之一的畫面為題跋所填滿，看來僞作者並非以假冒圖利，而只照章全臨，爲了練筆，不是存心欺騙。

金陵八家之一的龔賢，近兩年來像出土人物一樣被外國學者大力吹捧，畫價行情上漲神速。這位備受國人冷落的孤僻畫家，生時清貧潦倒，築半畝田於南京清涼山，對自己詩文畫作的獨創性要求嚴謹，不苟作詩文，恐落人蹊徑；他在畫意、技法上更獨創一格，在層層染漬的黑墨上，偶現光彩，感覺極現代，爲今人所喜。

饒是海外起了「龔賢熱」，拍賣行急於拍他的作品，甚至出現把日本印的印刷品當眞蹟而又臨時抽下的實例，但清醒的收藏家，必定要牢記只看名氣亂收畫是不智的。以龔賢爲例，第十九號的「秋山暮景」，畫家自題一首詩，有四方收藏章，但因畫作個人面貌不強，估二至三萬美元，無人問津。

反之第二九號的「雲境仙家」水墨絹本，用筆濃郁蒼潤，墨色沉靜光淸，氣氛凝和，雖無收藏章北聲色，但畫面精絕，結果以十二萬美元拍出，買者眼光獨到。

■年代論價似是而非

收藏要訣之一，是不爲名氣所惑，同一畫家之作，

有時也優劣參差，寧願只擁有一件絕佳精品代表作，泛泛之作大可不屑一顧。

艾略特女士對邊壽民，情有獨鍾，兩本冊頁同時拍賣，第三三號的花卉蔬果、水墨紙本，精心細繪新荷、蓮藕、石榴、蘑菇、茄子等，淡墨乾皴，耐人咀嚼，估五至七萬，結果以近十萬美元賣出。

邊壽民最為人稱道的是他的蘆雁圖，筆意粗豪蒼渾，以墨竹法寫蘆葦、鵝雁別具趣味，但第三五號的花卉魚雁冊頁，包括他拿手的蘆雁，卻非力作，光有九方收藏章，才估一萬五至兩萬，居然沒賣出。可見畫家馳名的題材如不用心去畫，仍不受收藏家喜愛，而前述花卉蔬果則為邊壽民少見精品，也是整本目錄中佼佼之作，故得高價。

收藏古董、古畫，每以年代遠近來定奪價值的論調，似是而非。第十二號明代李鍾衡的墨竹水墨絹本，估兩千五至三千美元，以兩千四百成交，一件五百年歷史的絹畫，廉價至此，令人搖頭。

翻閱古人畫跡，頗有感觸，誠如傅抱石所言，八大、石濤是中國畫史上，花好月圓的時代。但筆者想加一筆的是水墨國畫到了近代，以至現代，異軍突起，新有斬獲，不論氣勢、構圖、技巧均不乏凌駕古人之作，而且畫價也遙遙領先。

■後起之秀另闢新路

除非古時大家，一般毫無創見新意之作，實在無甚可觀，或許無需迷信古人，而應力圖爲現代人闖出值得喝采的新路。

艾略特女士收藏的近代畫中，兩幅豐子愷作品，一爲柳燕、一爲君家老松樹，估價三千至八千美元，未能拍出。多年前筆者以極少代價蒐集豐子愷充滿溫馨人情味之作，卻被譏爲漫畫，難入大堂。近年來喜歡豐氏之作者日衆，筆者以自有先見，頗爲得意。艾略特女士膽敢將豐子愷「漫畫」與石濤、八大並列，頗獲我心，特此一記。

(1991・11)

讓熙攘的人生　妝點翠微的新意

滄海美術叢書

深情等待與您相遇

藝術特輯

◎萬曆帝后的衣櫥──明定陵絲織集錦　　王岩　著

萬曆帝后的衣櫥──

明定陵絲織集錦　　王岩　著

　　由最初始的掩身蔽體，嬗變到爾後繁富的文化表徵，中國的服飾藝術，一直就與整體的環境密不可分，並在一定的程度上，具體反映了當時的政治、社會結構與經濟情況。明定陵的挖掘，印證了我們對於歷史的一些想像，更讓我們見到了有明一代，在服飾藝術上的成就！

　　作者現任職於北京社科院考古研究所，以其專業的素養，結合現代的攝影、繪圖技法，使得本書除了絲織藝術的展現外，也提供給讀者豐富的人文感受與歷史再現。

藝 術 史

◎五月與東方──　　　　　　　　　　　　　　　　　蕭瓊瑞　著

　　中國美術現代化運動在戰後臺灣之發展（1945～1970）

◎藝術史學的基礎　　曾堉／葉劉天增　譯

◎中國繪畫思想史（本書榮獲81年金鼎獎圖書著作獎）　　高木森　著

◎儺史──中國儺文化概論　　林　河　著

◎中國美術年表　　　曾　堉　著

◎橫看成嶺側成峰　　薛永年　著

◎江山代有才人出　　薛永年　著

◎美的抗爭──高爾泰文選之一　　高爾泰　著

儺史──中國儺文化概論　　　　　　　　　　林　河　著

　　當你的心靈被侗鄉苗寨的風土民俗深深感動的時候，可知牽引你的，正是這個溯源自上古時代就存在的野性文化？它現今仍普遍地存在於民間的巫文化和戲劇、舞蹈、禮俗及生活當中。

　　來自百越文化古國度的侗族學者林河，以他一生、全人的精力，實地去考察、整理，解明了蘊藏在儺文化裡頭的豐富內涵。對儺文化稍有認識的你，此書值得一讀；對儺文化完全陌生的你，此書更需要細看。

五月與東方——

中國美術現代化運動在
戰後臺灣之發展(1945～1970)　　　蕭瓊瑞　著

「五月」與「東方」是興起於戰後臺灣畫壇的兩個繪畫團體；主要活動時間，起自1956、1957年之交，終於1970年前後；其藝術理想與目標爲「現代繪畫」。

本書以史實重建的方式，運用大量的史料和作品，對於兩畫會的成立背景、歷屆畫展實際作品，以及當時社會對其藝術理念的迎拒過程，和個別的藝術言論與表現，作一全面考察，企圖對此二頗具爭議性的前衛畫會，作一公允定位。全書近四十萬言，包括畫家早期、近期作品一百餘幀，是瞭解戰後臺灣美術發展的重要參考書籍。

中國繪畫思想史　　　　　高木森　著

在漫長的持續成長過程中，我們的祖先表現了高度的智慧。這些智慧有許多結晶成藝術品，以可令人感知的美的形式述說五千年來的、數不盡的理想和幻想。

藝術思想史正是我們把握古人手澤、領會古聖先賢明訓的最直接方法，因爲我們要用我們的思想、眼睛，去考察古人的思想、去檢驗古人留下的實物來印證我們的看法。本書採用美術史的方法，從實際作品之研究、分析出發，旁涉文獻史料和美學理論，融會貫通而成，擬藉此探究我國藝術史上每個時期的主流思想。

本書榮獲81年金鼎獎圖書著作獎。

藝術論叢

◎唐畫詩中看　　王伯敏　著

◎挫萬物於筆端——藝術史與藝術批評文集　　郭繼生　著

◎貓。蝶。圖——黃智溶談藝錄　　黃智溶　著

◎藝術與拍賣　　施叔青　著

◎推翻前人　　施叔青　著

◎馬王堆傳奇　　侯　良　著

唐畫詩中看

王伯敏　著

　　本書包括：從對李白、杜甫論畫詩的整理剖析，使得許多至今見不到的唐及其以前的繪畫作品，得以完整地呈現出來；以及作者對於中國傳統山水畫所提出頗具創見的「七觀法」等。

　　全書融和了美術史家、詩人、畫家的觀點，由詩中看畫畫中論詩，虛實之間，給予雅愛詩畫者積極的啓發。

藝術與拍賣

施叔青　著

　　自1980年代初期至今，由於蘇富比與佳士得公司積極投入中國古字畫、當代書畫、油畫拍賣，使得中國藝術品的流通體系更加多元而健全。

　　本書作者以藝評家的犀利眼光、小說家的生動筆法，整體地掌握了二十世紀末中國藝術市場的來龍去脈，是第一本有關中國藝術市場及拍賣生態的專書，讀罷可以鑑往知來，是愛藝者、收藏家、字畫業者必備的寶典。

推翻前人

施叔青　著

　　本書作者傾十數年之功，將她在藝術上的真知絕學，向藝壇做一整體的展現。包括了她多年來所訪問的數位大陸當代藝術大師，對他們的成長、特色、思想、生活，有深入的剖析、獨到的見解；同時也對臺灣當代藝術提出中肯的建言及反省。字裡行間，流露出非凡的鑑賞力與歷史的透視力，一洗前人的看法，樹立了二次大戰後新一代的聲音。

馬王堆傳奇

侯良　著

　　1972年(民國61年)大陸湖南長沙馬王堆漢墓的挖掘，震撼了世人的心眼。因為除了各種陪葬的器物、漢簡、帛書、帛畫的出土外，尚有一具形貌完備的女屍，以及令人著迷的挖掘傳說。

　　本書圖片精彩豐富，作者具有專業素養。他以生動的筆法，為您敘說馬王堆一則則神祕離奇的故事；帶您進入悠遠的世界──漢代，領略她的文學、藝術、風俗、醫藥、科技、建築……等，使蒙塵的「活歷史」，再顯豐厚的人文內涵！

讓美的心靈

隨著情感的蝴蝶

翩翩起舞

綜合性美術圖書